Platon

Timaios - Über die Natur

Leseempfehlungen (als Print & e-Book von e-artnow erhältlich)

Friedrich Nietzsche
Unzeitgemäße Betrachtungen

Niccolò Machiavelli
Gesammelte Werke: Der Fürst + Die Discorsi + Mensch und Staat + Geschichte von Florenz

Max Scheler
Die Ursachen des Deutschenhasses - Eine nationalpädagogische Erörterung

Giordano Bruno
Von der Ursache dem Princip und dem Einen

Platon, Marcus Tullius Cicero
Philosophie und Politik: Staatstheorien von Platon, Cicero, Machiavelli und Thomas Morus: Der Staat - Politeia + Vom Staat + Die Discorsi: Das Wesen einer ... - Über den besten Zustand des Staates

Immanuel Kant
Zum ewigen Frieden. Ein philosophischer Entwurf

Friedrich Engels
Herrn Eugen Dührings Umwälzung der Wissenschaft oder: Anti-Dühring

Platon
Timaios - Über die Natur

Marc Aurel
Selbstbetrachtungen

Niccolò Machiavelli
Der Fürst (Il Principe)

Iwan Alexandrowitsch Gontscharow

## Timaios - Über die Natur

Seiendes + Der Entstehungsgrund und die Einzigkeit des Kosmos + Die Erschaffung des Weltkörpers und der Weltseele + Zeit und Ewigkeit + Der Ursprung der Götter und der übrigen Lebewesen + Der Raum...

e-artnow, 2018
Kontakt: info@e-artnow.org

ISBN 978-80-268-5474-6

# Inhaltsverzeichnis

GLIEDERUNG 13

01. Wiederholung der Hauptpunkte einer von Sokrates durchgeführten Rede über den besten Staat  17
02. Wunsch des Sokrates, den von ihm entworfenen Staat auch in Bewegung und Kampf zu sehen. Kritias über eine Kunde von alten Taten Athens  19
03. Der Bericht des Solon über sein Bekanntwerden mit alter ägyptischer Überlieferung  21
04. Bereitschaft des Kritias, die Erzählung im Einzelnen zu berichten. Voranstellung einer Rede des Timaios über das Entstehen der Welt  24
05. Unterscheidung zwischen dem Seienden und dem Werdenden. Die Welt als geworden und als nach einem Vorbild geschaffenes Abbild  25
06. Grund der Schöpfung und Vorbild der Welt. Ihre Einzigkeit  27
07. Der Leib der Welt. Grund seines Bestehens aus vier Bestandteilen und seiner Kugelgestalt  28
08. Die Zusammenfügung der Weltseele  30
09. Das Erkennen der Seele  31
10. Erschaffung der Zeit als bewegliches Abbild der Unvergänglichkeit  32
11. Die Planeten als Erzeuger der Zeit. Ihre Bahnen  33
12. Die vier Gattungen des Lebenden. Bewegung und Wesen der sichtbaren Götter  34
13. Die übrigen Götter. Der Auftrag des Weltschöpfers an sie  35
14. Erschaffung der menschlichen Seelen. Ihre Belehrung über die Gesetze des Schicksals  36
15. Durch die Einkörperung bedingte Verwirrung der Seelenumläufe  37
16. Bildung des Kopfes und der Glieder. Das Auge: Erklärung des Sehens und seines eigentlichen Nutzens. Stimme und Gehör  39
17. Übergang zu einem neuen Anfang: Das Entstehen durch Notwendigkeit  41
18. Die dritte Gattung: Das Worin des Werdens. Bestimmung seiner Art und des Verhältnisses des Seienden und Werdenden zu ihm  42
19. Zustand des Raumes und der Grundstoffe vor Erschaffung der Welt  45
20. Die Entstehung der vier ursprünglichen Körper aus dem Zusammentreten der zwei schönsten Dreiecke  46
21. Möglichkeit von fünf Welten? Verteilung der ursprünglichen Körper an die vier Grundstoffe  51
22. Der Übergang der Grundstoffe ineinander  52
23. Erklärung der immerwährenden Bewegung der Körper  55
24. Arten des Feuers und des Wassers: Das Flüssige und das Geschmolzene. Erklärung des Schmelzens und Erstarrens  56
25. Arten der Erde. Aus Erde und Wasser bestehende Stoffe  58
26. Erklärung der Beschaffenheiten warm und kalt, hart und weich, schwer und leicht, rauh und glatt  59

27. Wahrnehmbare und nicht wahrnehmbare Eindrücke. Die Lust- und Schmerzgefühle — 61
28. Die Entstehung der Geschmacksempfindungen: scharf und herb, ätzend und salzig, sauer und süß — 62
29. Geruchswahrnehmung und Gehör — 63
30. Die Gesichtswahrnehmung. Erklärung der Farben — 64
31. Erschaffung des sterblichen Teils der Seele und sein Sitz im Leibe. Herz und Lungen — 66
32. Ansiedlung des begierigen Teils der Seele im Bauch. Beschaffenheit und Aufgabe von Leber und Milz — 67
33. Unterleib und Gedärme. Mark, Knochen, Fleisch und Sehnen. Verteilung des Fleisches, Haut, Haare und Nägel — 69
34. Die Natur der Pflanzen — 72
35. Die zwei Hauptadern und das Bewässerungssystem des Körpers — 73
36. Die Ursachen und der Vorgang des Atmens — 74
37. Den Vorgängen beim Atmen verwandte Erscheinungen — 75
38. Bildung des Bluts. Wachstum, Alter und natürlicher Tod — 76
39. Die Entstehung der zwei ersten Arten körperlicher Krankheiten — 77
40. Die durch Luft, Schleim und Galle entstehende dritte Art von Krankheiten des Körpers — 79
41. Krankheiten der Seele: Der Unverstand und seine zwei Arten — 81
42. Mittel zur Heilung und Erhaltung des Körpers und der Seele — 82
43. Die Pflege der Seele — 84
44. Entstehung der Frauen und Bildung der Geschlechtsorgane. Die übrigen Lebewesen. Schlusswort — 85

## GLIEDERUNG

### A. Einleitung:

1. Wiederholung der Hauptpunkte einer von Sokrates durchgeführten Rede über den besten Staat (01. Kapitel, 17 a 1 bis 19 b 2)

2. Wunsch des Sokrates, den von ihm entworfenen Staat auch in Bewegung und Kampf zu sehen. Kritias über eine Kunde von alten Taten Athens (02. Kapitel, 19 b 3 bis 21 a 6)

3. Der Bericht des Solon über sein Bekanntwerden mit ägyptischer Überlieferung (03. Kapitel, 21 a 7 bis 25 d 6)

4. Bereitschaft des Kritias, die Erzählung im einzelnen zu berichten. Voranstellung einer Rede des Timaios über das Entstehen der Welt (04. Kapitel, 25 d 7 bis 27 b 9)

### B. Hauptteil: Die Rede des Timaios über das Entstehen der Welt
#### I. Das nach Vernunft Geschaffene

1. Sein und Werden. Die Welt als Abbild.

   a) Unterscheidung zwischen den Seienden und Werdenden. Die Welt als geworden und als nach einem Vorbild geschaffenes Abbild (05. Kapitel, 27 c 1 bis 29 d 6)

   b) Grund der Schöpfung und Vorbild der Welt. Ihre Einzigkeit (06. Kapitel, 29 d 7 bis 31 d 3)

2. Leib und Seele der Welt

   a) Der Leib der Welt. Grund seines Bestehens aus vier Bestandteilen und seiner Kugelgestalt (07. Kapitel, 31 b 4 bis 34 a 7)

   b) Die Zusammenfügung der Weltseele (08. Kapitel, 34 a 8 bis 36 d 7)

   c) Das Erkennen der Seele (09. Kapitel, 36 d 8 bis 37 c 5)

3. Die Zeit und die Planeten

   a) Erschaffung der Zeit als bewegliches Abbild der Unvergänglichkeit (10. Kapitel, 37 c 6 bis 38 b 5)

   b) Die Planeten als Erzeuger der Zeit. Ihre Bahnen (11. Kapitel, 38 b 6 bis 39 e 2)

4. Die lebenden Wesen

   a) Die vier Gattungen des Lebenden. Bewegung und Wesen der sichtbaren Götter (12. Kapitel, 39 e 3 bis 40 d 5)

   b) Die übrigen Götter. Der Auftrag des Weltschöpfers an sie (13. Kapitel, 40 d 6 bis 41 d 3)

5. Der Mensch

a) Erschaffung der menschlichen Seelen. Ihre Belehrung über die Gesetze des Schicksals (14. Kapitel, 41 d 4 bis 42 e 4)

b) Durch die Einkörperung bedingte Verwirrung der Seelenumläufe (15. Kapitel, 42 e 5 bis 44 d 2)

c) Bildung des Kopfes und der Glieder. Das Auge: Erklärung des Sehens und seines eigentlichen Nutzens. Stimme und Gehör (16. Kapitel, 44 d 3 bis 47 e 2)

## II. Das aus Notwendigkeit Vorhandene

1. Aufnehmerin des Werdens

a) Übergang zu einem neuen Anfang: Das Entstehen durch Notwendigkeit (17. Kapitel, 47 e 3 bis 48 e 1)

b) Die dritte Gattung: Das Worin des Werdens. Bestimmung seiner Art und des Verhältnisses des Seienden und Werdenden zu ihm (18. Kapitel, 48 e 2 bis 52 d 1)

c) Zustand des Raumes und der Grundstoffe vor Erschaffung der Welt (19. Kapitel, 52 d 2 bis 53 c 3)

2. Die vier Grundstoffe

a) Die Entstehung der vier ursprünglichen Grundkörper aus dem Zusammentreten der zwei schönsten Dreiecke (20. Kapitel, 53 c 4 bis 55 c 6)

b) Möglichkeit von fünf Welten? Verteilung der ursprünglichen Körper an die vier Grundstoffe (21. Kapitel, 55 c 7 bis 56 c 7)

c) Der Übergang der Grundstoffe ineinander (22. Kapitel, 56 c 8 bis 57 d 6)

d) Erklärung der immerwährenden Bewegung der Körper (23. Kapitel, 57 d 7 bis 58 c 4)

3. Arten der Grundstoffe

a) Arten des Feuers und des Wassers: Das Flüssige und Geschmolzene. Erklärung des Schmelzens und Erstarrens (24. Kapitel, 58 c 5 bis 60 b 5)

b) Arten der Erde. Aus Erde und Wasser bestehende Stoffe (25. Kapitel, 60 b 6 bis 61 c 2)

4. Die Wahrnehmungen

a) Erklärung der Beschaffenheiten warm und kalt, hart und weich, schwer und leicht, rauh und glatt (26. Kapitel, 61 c 3 bis 64 a 1)

b) Wahrnehmbare und nicht wahrnehmbare Eindrücke. Die Lust und Schmerzgefühle (27. Kapitel, 64 a 2 bis 65 b 3)

c) Die Entstehung der Geschmacksempfindungen: Scharf und herb, ätzend und salzig, sauer und süß (28. Kapitel, 65 b 4 bis 66 c 7)

d) Geruchswahrnehmung und Gehör (29. Kapitel, 66 d 1 bis 67 c 3)

e) Die Gesichtswahrnehmung. Erklärung der Farben (30. Kapitel, 67 c 4 bis 69 a 5)

### III. Aus Vernunft und Notwendigkeit zusammen Erzeugtes

1. Die sterblichen Teile der Seele. Der Körper und seine Teile

a) Erschaffung des sterblichen Teils der Seele und sein Sitz im Leibe. Herz und Lungen (31. Kapitel, 69 a 6 bis 70 d 6)

b) Ansiedlung des begierigen Teils der Seele im Bauch. Beschaffenheit und Aufgabe der Leber und Milz (32. Kapitel, 70 d 7 bis 72 d 3)

c) Unterleib und Gedärme. Mark, Knochen, Fleisch und Sehnen. Verteilung des Fleisches. Haut, Haare und Nägel (33. Kapitel, 72 d 4 bis 76 e 6)

2. Die Natur der Pflanzen (34. Kapitel, 76 e 7 bis 77 c 5)

3. Bewässerungssystem des Körpers und Vorgang des Atmens

a) Die zwei Hauptadern und das Bewässerungssystem des Körpers (35. Kapitel, 77 c 6 bis 79 a 4)

b) Die Ursachen und der Vorgang des Atmens (36. Kapitel, 79 a 5 bis 79 e 9)

c) Den Vorgängen beim Atmen verwandte Erscheinungen (37. Kapitel, 79 e 10 bis 80 c 8)

d) Bildung des Blutes. Wachstum, Alter und natürlicher Tod (38. Kapitel, 80 d 1 bis 81 e 5)

4. Krankheiten des Körpers und der Seele und ihre Verhütung

a) Die Entstehung der zwei ersten Arten körperlicher Krankheiten (39. Kapitel, 81 e 6 bis 84 c 7)

b) Die durch Luft, Schleim und Galle entstehende dritte Art von Krankheiten des Körpers (40. Kapitel, 84 c 8 bis 86 a 8)

c) Krankheiten der Seele: Der Unverstand und seine zwei Arten (41. Kapitel, 86 b 1 bis 87 b 9)

d) Mittel zur Heilung und Erhaltung des Körpers und der Seele (42. Kapitel, 87 c 1 bis 89 d 1)

e) Die Pflege der Seele (43. Kapitel, 89 d 2 bis 90 d 7)

5. Entstehung der Frauen und Bildung der Geschlechtsorgane. Die übrigen Lebewesen. Schlusswort (44. Kapitel, 90 e 1 bis 92 c 9)

## 01. Wiederholung der Hauptpunkte einer von Sokrates durchgeführten Rede über den besten Staat

**SOKRATES:** Einer, zwei, drei! Wo aber, lieber Timaios, blieb uns der vierte der gestrigen Gäste und heutigen Gastgeber?

**TIMAIOS:** Ein Unwohlsein befiel ihn, Sokrates; denn aus freiem Entschluss blieb er wohl nicht von der heutigen Zusammenkunft zurück.

**SOKRATES:** Hast nun nicht du mit diesen Freunden da die Obliegenheit, auch den Teil des Abwesenden zu erfüllen?

**TIMAIOS:** Allerdings; und wir wollen unser Möglichstes tun, es an nichts fehlen zu lassen. Denn es wäre wohl nicht recht, wollten wir noch übrigen, nachdem du gestern mit anständigen Gastgeschenken uns empfingst, deine Gastlichkeit nicht bereitwillig erwidern.

**SOKRATES:** Ist es euch also erinnerlich, über wie Wichtiges und über welche Gegenstände ich von euch Auskunft begehrte?

**TIMAIOS:** Einiges ist uns noch erinnerlich, was uns aber entfiel, wirst du selbst uns in das Gedächtnis zurückrufen. Oder wiederhole es uns lieber, wenn es dir nicht beschwerlich fällt, von Anfang an, in aller Kürze, damit es uns noch fester begründet werde.

**SOKRATES:** Das soll geschehen. Der Hauptinhalt der gestern von mir gesprochenen Reden betraf wohl den Staat: wie mich bedünke, dass wohl der beste beschaffen sein und aus welchen Männern er bestehen müsse.

**TIMAIOS:** Und diese Darstellung war gar sehr nach unser aller Sinne, lieber Sokrates!

**SOKRATES:** Schieden wir zuerst nicht die Klasse der Ackerbauenden oder irgend sonst eine Kunst in demselben übenden von dem Geschlecht der den Krieg für die andern Führenden?

**TIMAIOS:** Ja.

**SOKRATES:** Und indem wir jedem nur eine seinen Naturanlagen angemessene Beschäftigung, nur eine Kunst zuteilten, erklärten wir, diejenigen, welche die Verpflichtung hätten, für alle in den Krieg zu ziehen, müssten demnach nichts weiter sein als Wächter des Staates. Wenn nun ein Auswärtiger oder auch jemand von den Einheimischen sich anschicke, diesem Schaden zuzufügen, dann müssten sie ein mildes Gericht halten über die ihnen Unterworfenen, als von Natur ihnen Befreundete, in den Kämpfen gegen die Feinde aber, auf die sie träfen, streng verfahren.

**TIMAIOS:** Durchaus.

**SOKRATES:** Denn die Wächter, behaupteten wir, wie ich glaube, müssen eine Seele besitzen, die von Natur sowohl vorzüglich muterfüllt als auch weisheitliebend ist, um gegen die einen in geziemender Weise streng, gegen die andern mild verfahren zu können.

**TIMAIOS:** Ja.

**SOKRATES:** Was aber ihre Erziehung anbetrifft? Nicht etwa, dass sie in Gymnastik, Musik und allem ihnen angemessenen Wissen unterwiesen sein sollen?

**TIMAIOS:** Ja, allerdings.

**SOKRATES:** Nachdem sie eine solche Erziehung erhielten, wurde ja wohl behauptet, dass sie weder Gold noch Silber noch irgendein anderes Besitztum als ihr Eigentum ansehen dürfen, sondern als Helfer für ihr Wachehalten von den von ihnen Bewahrten einen für Besonnene ausreichenden Lohn empfangen, den sie gemeinschaftlich und zusammen lebend, stets um die Tugend bemüht und durch andere Beschäftigungen nicht behindert, verzehren sollten.

**TIMAIOS:** Auch das wurde in dieser Weise behauptet.

**SOKRATES:** Wir erwähnten doch auch hinsichtlich der Frauen, dass ihre Naturen in ähnlicher Weise wie die der Männer in Einklang zu bringen und alle Beschäftigungen für den Krieg und das übrige Leben beiden Geschlechtern gemeinsam zuzuteilen seien

**TIMAIOS:** So wurde auch das bestimmt.

**SOKRATES:** Was dann aber über das Kinderzeugen? Oder prägten sich nicht unsere dahin einschlagenden Anordnungen leicht, als mit dem Gewohnten im Widerspruch, dem Gedächtnisse ein, dass wir Heiraten und Kinder zu etwas allen Gemeinsamem machten und es dahin zu bringen suchten, dass niemand das ihm insbesondere Geborene kenne und alle sich untereinander als Verwandte ansehen, als Brüder und Schwestern, so viele innerhalb des dem angemessenen Alters entstehen, das jüngere oder ältere Geschlecht aber als dieser Eltern und Voreltern und die ihnen Nachgeborenen als deren Kinder und Kindeskinder?

**TIMAIOS:** Ja; und das ist aus dem von dir angeführten Grunde leicht zu behalten.

**SOKRATES:** Blieb uns nicht auch unsere Behauptung im Gedächtnis, damit soviel wie möglich sogleich der möglichst beste Schlag von Menschen erzeugt werde, müssen die Herrscher und Herrscherinnen durch gewisse Lose für das eheliche Zusammensein insgeheim es künstlich darauf anlegen, dass die Schlechten sowohl als die Besten beide mit ihresgleichen zusammengelost werden und dass, damit jenen daraus keine Feindschaft erwachse, diese im Zufall den Grund ihrer Zusammenlosung suchen?

**TIMAIOS:** Das ist uns erinnerlich.

**SOKRATES:** Gewiss auch, dass wir behaupteten, die Nachkommenschaft der Guten müsse man sorgfältig erziehen, die der Schlechten aber unvermerkt im übrigen Staate verteilen; unter den Heranwachsenden aber, die man wohl beobachte, die Würdigen wieder zu einer höheren Klasse erheben, die unter dieser Klasse Unwürdigen dagegen die durch die Hinaufrückenden erledigte Stelle einnehmen lassen.

**TIMAIOS:** So ist es.

**SOKRATES:** Haben wir nun nicht ebenso wie gestern unsern Weg durchlaufen, so dass wir seine Hauptpunkte noch einmal kurz berührten, oder vermissen wir, lieber Timaios, noch etwas von dem Gesagten, was wir übergingen?

**TIMAIOS:** Keineswegs, Sokrates, sondern eben das war es, was ausgesprochen wurde.

## 02. Wunsch des Sokrates, den von ihm entworfenen Staat auch in Bewegung und Kampf zu sehen. Kritias über eine Kunde von alten Taten Athens

**SOKRATES:** So hört denn nun, wie es mir mit dem Staate, den wir dargestellt haben, ergeht. Ich habe nämlich ein ähnliches Gefühl wie etwa jemand, der irgendwo schöne Tiere, ob nun von den Malern dargestellte oder auch wirklich lebende, aber im Zustand der Ruhe, sah, den Wunsch hegen dürfte, sie in Bewegung und einen ihrem Äußern angemessen scheinenden Kampf bestehen zu sehen. Ebenso geht es mir mit dem von uns entworfenen Staate; denn gern wohl möchte ich etwa von jemandem mir erzählen lassen, wie unser Staat in geziemender Weise die Wettkämpfe mit anderen Staaten besteht und wie er, wenn er in Krieg gerät, auch im Kriege, sowohl im Kampfe durch die Tat als bei Verhandlungen durch das Wort, auf eine der ihm zuteil gewordenen Unterweisung und Erziehung würdige Weise gegen jeden anderen Staat sich benimmt. An der eigenen Kraft nun, Kritias und Hermokrates, diese Männer und unsern Staat auf eine genügende Weise zu preisen, muss ich fürwahr wohl verzweifeln. Und bei mir ist das nicht zu verwundern; aber ich habe dieselbe Meinung auch von den Dichtern sowohl alter Zeit als den jetzt lebenden gefasst, ohne irgend die Dichtergilde herabsetzen zu wollen, sondern weil jeder begreift, dass der Nachbildenden Menge das, worin sie erzogen ward, sehr leicht und gut nachbilden wird, dass es aber schwierig ist, das außerhalb der gewohnten Lebensweise eines jeden Liegende durch die Tat, und noch schwieriger, es in Worten treffend nachzubilden. Die Innung der Sophisten dagegen halte ich zwar für sehr kundig Überfließender Rede und anderes Schönen, besorge aber, dass sie, als in verschiedenen Städten umherschweifend und des eigenen Wohnsitzes entbehrend, in Männer, die zugleich weisheitsliebend und staatskundig sind, sich nicht zu finden wissen, wie Schönes und Großes diese wohl im Krieg und in der Schlacht mit dem Schwerte und im Verkehr mit jedem durch die Rede auszuführen und auszusprechen vermöchten. So bleiben nur Männer eures Schlages übrig, denen vermöge ihrer Erziehung und Naturanlagen beides zuteil ward. Denn unser Timaios da, aus Lokris, dem unter allen Staaten Italiens der besten Gesetzgebung sich erfreuenden, stammend, gelangte, an Reichtum und Herkunft keinem seiner Mitbürger nachstehend, zu den größten Würden und Ehrenbezeugungen im Staate; in der gesamten Philosophie aber hat er, meiner Meinung nach, das Höchste erreicht. Vom Kritias aber wissen wir hierzulande alle, dass ihm von dem, wovon wir sprechen, nichts fremd ist; und dass ferner Hermokrates durch Naturanlagen und Erziehung zu dem allen vollkommen befähigt sei, zu diesem Glauben berechtigt uns das Zeugnis vieler. Diese Ansicht bewog mich auch gestern, euren Bitten, meine Gedanken über den Staat euch mitzuteilen, bereitwillig zu willfahren, da ich weiß, dass, wenn **ihr** wollt, niemand geschickter ist, über das Weitere Auskunft zu erteilen; denn wenn ihr unsern Staat in einen seiner würdigen Krieg versetztet, möchtet wohl ihr allein unter den jetzt Lebenden in allem die geziemende Rolle dabei ihm zuteilen. Nachdem ich nun euern Wunsch erfüllte, habe ich dagegen an euch den eben erwähnten ausgesprochen. Ihr sagtet mir demnach zu, nach gemeinsamer Beratung unter euch selbst, jetzt meiner Rede Gastgeschenk zu erwidern. So habe ich mich also dazu auf das schönste geschmückt und, bereitwilliger als irgendeiner, das eurige in Empfang zu nehmen, eingefunden.

**HERMOKRATES:** Gewiss, Sokrates, bereitwillig wollen wir versuchen, es, wie Timaios da sagte, an nichts fehlen zu lassen, auch haben wir keine Ausflucht, dem uns zu entziehen; so dass wir auch sogleich gestern, als wir von hier aus zum Kritias nach unserer Einkehrwohnung gelangten, und noch früher unterwegs, eben diesen Gegenstand in Betrachtung zogen. Dieser teilte uns nun eine Sage aus alter Überlieferung mit, welche du auch jetzt diesem Freunde berichten magst, Kritias, damit er mit uns prüfe, ob sie unserer Aufgabe angemessen sei oder nicht.

**KRITIAS:** Das muss ich wohl tun, wenn auch unser dritter Genosse, Timaios, derselben Meinung ist.

**TIMAIOS:** Gewiss bin ich es.

**KRITIAS:** So vernimm denn, Sokrates, eine gar seltsame, aber durchaus in der Wahrheit begründete Sage, wie einst der weiseste unter den Sieben, Solon, erklärte. Dieser war nämlich, wie er selbst häufig in seinen Gedichten sagt, unserem Urgroßvater Dropides sehr vertraut und befreundet; der aber erzählte wieder unserm Großvater Kritias, wie der alte Mann wiederum uns zu berichten pflegte, dass gar große und bewunderungswürdige Heldentaten unserer Vaterstadt aus früher Vergangenheit durch die Zeit und das Dahinsterben der Menschen in Vergessenheit geraten seien, vor allem aber eine, die größte, durch deren Erzählung wir dir wohl uns auf eine angemessene Weise dankbar zu bezeigen und zugleich die Göttin bei ihrem Feste nach Gebühr und Wahrheit wie durch einen Festgesang zu verherrlichen vermöchten.

**SOKRATES:** Wohl gesprochen! Welches ist denn aber die Heldentat, von welcher Kritias als von einer nicht bloß in einer Sage erhaltenen, sondern einst von unserer Vaterstadt wirklich, wie Solon vernommen hatte, vollbrachten erzählte?

## 03. Der Bericht des Solon über sein Bekanntwerden mit alter ägyptischer Überlieferung

**KRITIAS:** Ich will eine alte Sage berichten, die ich aus dem Munde eines eben nicht jungen Mannes vernahm; denn Kritias war damals, wie er sagte, fast an die Neunzig heran, und ich stand etwa im zehnten Jahre; es war aber gerade der Einzeichnungstag des Täuschungsfestes. Die für uns Knaben herkömmliche Festfeier fand auch diesmal statt; unsere Väter setzten uns nämlich Preise beim Vortragen von Gesängen aus. Da wurden nun viele Gedichte vieler Dichter hergesagt, und als etwas zu jener Zeit Neues sangen viele von uns Knaben auch die Gedichte Solons ab. Da sagte denn einer der Gemeindenachbarn, ob nun damals das seine Ansicht war oder ob er dem Kritias etwas Angenehmes sagen wollte: seinem Bedünken nach sei Solon nicht bloß im Übrigen der größte Weise, sondern auch unter allen Dichtern der großsinnigste gewesen. Den alten Mann, recht gut erinnere ich mich dessen, freute das höchlich, und lächelnd erwiderte er: Wenn er nur, Freund Amynandros, das Dichten nicht als Nebensache, sondern wie andere mit vollem Ernst betrieben und die Sage, die er aus Ägypten mit hierher brachte, ausgeführt hätte, nicht aber durch Aufstände und anderes Ungehörige, was er bei seiner Rückkehr hier vorfand, das liegen zu lassen genötigt worden wäre; dann hätte wohl, meiner Meinung nach, weder Hesiodos, noch Homeros noch sonst ein Dichter einen höheren Dichterruhm erlangt als er.

Was war denn das für eine Sage, Kritias? fragte er.

Gewiss die größte und mit dem vollsten Rechte wohl vor allem gepriesenste Heldentat betreffend, die zwar unsere Stadt vollbrachte, von der jedoch die Kunde, wegen der Länge der Zeit und des Untergangs derer, die sie vollführten, nicht bis zu uns gelangte.

Erzähle, bat ihn der andere, von Anbeginn an, was und wie und von wem hatte das als eine wahre Begebenheit Solon vernommen, was er erzählte.

Es ist in Ägypten, entgegnete er, im Delta, an dessen Spitze der Nil sich spaltet, ein Gau, der der Saitische heißt und dessen größte Stadt Sais ist, aus welcher auch der König Amasis stammte. Diese Stadt hat eine Schutzgöttin, in ägyptischer Sprache Neith, in hellenischer, wie jene sagen, Athene geheißen. Die Bewohner aber sagen, sie seien große Athenerfreunde und mit den hiesigen Bürgern gewissermaßen verwandt. Dorthin, erzählte Solon, sei er gereist, habe da eine sehr ehrenvolle Aufnahme gefunden und, als er die der Sache am meisten kundigen Priester über die alten Zeiten befragt, erkannt, dass so ziemlich weder er noch sonst einer der Hellenen von dergleichen Dingen das geringste wisse. Einmal habe er aber, um sie zu Erzählungen von den alten Zeiten zu veranlassen, von den ältesten Geschichten des hiesigen Landes zu berichten begonnen, vom Phoroneus, den man den Ersten nennt, und von der Niobe, ferner nach der Wasserflut die Sage von Deukalion und Pyrrha, wie sie glücklich durchkamen. Er habe ihre Nachkommenschaft aufgezählt und, indem er der bei dem Erzählten verstrichenen Jahre gedachte, die Zeitangaben festzustellen versucht. Da habe ein hochbejahrter Priester gesagt: ach, Solon, Solon! Ihr Hellenen bleibt doch immer Kinder, zum Greise aber bringt es kein Hellene. – Wieso? Wie meinst du das? habe er, als er das hörte, gefragt. – Jung in den Seelen, habe jener erwidert, seid ihr alle: denn ihr hegt in ihnen keine alte, auf altertümliche Erzählungen gegründete Meinung noch ein durch die Zeit ergrautes Wissen. Davon liegt aber darin der Grund. Viele und mannigfache Vernichtungen der Menschen haben stattgefunden und werden stattfinden, die bedeutendsten durch Feuer und Wasser, andere, geringere, durch tausend andere Zufälle. Das wenigstens, was auch bei euch erzählt wird, dass einst Phaethon, der Sohn des Helios, der seines Vaters Wagen bestieg, die Oberfläche der Erde, weil er die Bahn des Vaters einzuhalten unvermögend war, durch Feuer zerstörte, selbst aber, vom Blitze getroffen, seinen Tod fand, das wird wie ein Märchen berichtet; das Wahre daran beruht aber auf der Abweichung der am Himmel um die Erde kreisenden Sterne und der nach langen Zeiträumen stattfindenden Vernichtung des auf der Erde Befindlichen durch mächtiges Feuer. Dann pflegen demnach diejenigen, welche Berge und hoch und trocken gelegene Gegenden bewohnen, eher als die an Flüssen und dem Meere Wohnenden unterzugehen, uns aber rettet der auch sonst uns Heil bringende Nil durch sein übertreten aus solcher Not. Wenn dagegen die Götter die Erde, um sie zu läutern, mit Wasser überschwemmen, dann kommen die Rinder- und Schafhirten auf den Bergen davon, die bei euch in den Städten Wohnenden dagegen werden von den Strömen in das Meer fortgerissen. Hierzulande aber ergießt sich weder dann noch bei andern Gelegenheiten Wasser von oben her über die Fluren, sondern alles pflegt von Natur von unten herauf sich zu erheben. Daher und aus diesen Gründen habe sich, sagt man, das hier Aufbewahrte als das älteste erhalten; das Wahre aber ist, allerorten, wo es nicht eine übermäßige Kälte oder Hitze verbietet, lebt eine bald größere, bald kleinere Zahl von Menschen; was sich aber, sei es bei euch oder hier oder in andern Gegenden, von denen uns Kunde ward, Schönes und Großes oder in einer andern Beziehung Merkwürdiges begab, das alles ist von alten Zeiten her hier in den Tempeln aufgezeichnet und aufbewahrt. Bei euch und andern Völkern dagegen war man jedes Mal eben erst mit der Schrift und allem andern, dessen die Staaten bedürfen, versehen, und dann brach, nach Ablauf der gewöhnlichen Frist, wie eine Krankheit eine Flut vom Himmel über sie herein und ließ von euch nur die der Schrift Unkundigen und Ungebildeten zurück, so dass ihr vom Anbeginn wiederum gewissermaßen zum Jugendalter zurückkehrt, ohne von dem etwas zu wissen, was so hier wie bei euch zu alten Zeiten sich begab. Was du daher eben von den alten Geschlechtern unter euch erzähltest, o Solon, unterscheidet sich nur wenig von Kindergeschichten, da ihr zuerst nur einer Überschwemmung, deren vorher doch viele stattfanden, euch erinnert. So wisst ihr ferner auch nicht, dass das unter Menschen schönste und trefflichste Geschlecht in euerm Lande entspross, dem du entstammst und euer gesamter jetzt bestehender Staat, indem einst ein winziger Same davon übrig blieb. Das blieb vielmehr euch verborgen, weil die am Leben Erhaltenen viele Menschengeschlechter hindurch der Sprache der Schrift ermangelten. Denn einst, o Solon, vor der größten Verheerung durch Überschwemmung, war der Staat, der jetzt der athenische heißt, der tapferste im Kriege und vor allen durch eine gute gesetzliche Verfassung ausgezeichnet; er soll unter allen unter der Sonne, von denen die Kunde zu uns gelangte, die schönsten Taten vollbracht, die schönsten Staatseinrichtungen getroffen haben. Mit Verwunderung habe Solon, erzählte er selbst, das vernommen und inständigst die Priester gebeten, ihm der Reihe nach genau alles seine Mitbürger aus alter Zeit Betreffende zu berichten. Diesen Bericht, habe der Priester gesagt, will ich dir nicht missgönnen, Solon, sondern um deiner selbst und deiner Vaterstadt willen dir ihn mitteilen, vorzüglich aber der Göttin zuliebe, welcher euer Land und dieses hier zum Lose fiel und die beide gedeihen ließ und heranbildete, das eure um tausend Jahre früher, indem sie den Samen eures Volkes vom Hephaistos und der Erde überkam, das hiesige später. Die Zahl der Jahre aber seit der hier bestehenden Einrichtung unseres Staates ist in der geweihten Schrift auf achttausend Jahre angegeben. Von deinen vor neuntausend Jahren lebenden Mitbürgern nun will ich dir ganz kurz die Gesetze und die schönste Heldentat, die von ihnen vollbracht ward, berichten; das Genauere über alles aber wollen wir später der Reihe nach, indem wir die Schriften selber zur Hand nehmen, erörtern. Auf ihre Gesetze mache einen Schluss von den hier geltenden; denn viele den damals bei euch bestehenden ähnliche wirst du jetzt hier vorfinden, zuerst den von den übrigen getrennten Stand der Priester, dann den der Werkmeister, deren jeder, von dem andern getrennt, sein eigenes Geschäft betreibt, sowie den der Hirten und Jäger und Landwirte; auch den Stand der Krieger, dem vom Gesetze der Auftrag ward, um weiter nichts als um den Krieg sich zu kümmern, siehst du doch wohl hier von jedem anderen geschieden. Ferner ist auch die Art der Rüstung mit Schild und Speer dieselbe, deren wir unter den Bewohnern Asiens zuerst uns bedienten, indem die Göttin sie uns, wie euch in dortiger Gegend zuerst, lehrte. Was aber die Verstandesbildung anbetrifft, siehst du wohl, welche Sorgfalt die hiesige Gesetzgebung sogleich von Anbeginn an ihr widmete in Bezug sowohl auf die Weltordnung, indem sie alles insgesamt, bis auf die Seher- und Heilkunst zur Gesundheit, aus diesen göttlichen Dingen für die menschlichen Angelegenheiten herleitete und auch in den Besitz aller andern damit verbundenen Kenntnisse sich setzte. Insofern also die Göttin euch zuerst diese gesamte Anordnung und Ausbildung verlieh, wies sie euch auch euern Wohnsitz an und wählte die Stätte, der ihr entsprossen seid, dazu aus, weil sie in der Jahreszeiten günstigem Wechsel erkannte, dass sie die verständigsten Bewohner erzeugen werde. Als dem Kriege und der Weisheit hold, wählte die Göttin diejenige

Stätte aus, die bestimmt war, die ihr zunächst kommenden Menschen zu erzeugen, und gründete da zuerst einen Staat. In diesem lebtet ihr also unter solchen Gesetzen und einer noch vollkommeneren Verfassung, in jeder Tugend vor allen Menschen ausgezeichnet, wie es sich von euch, als Abkömmlingen und Zöglingen der Götter, erwarten ließ. Demnach erregen viele und große von euch hier aufgezeichnete Heldentaten eurer Vaterstadt Bewunderung, vor allem aber zeichnet sich eine durch ihre Bedeutsamkeit und den dabei bewiesenen Heldenmut aus; denn das Aufgezeichnete berichtet, eine wie große Heeresmacht dereinst euer Staat überwältigte, welche von dem Atlantischen Meere her übermütig gegen ganz Europa und Asien heranzog. Damals war nämlich dieses Meer schiffbar; denn vor dem Eingange, der, wie ihr sagt, die Säulen des Herakles heißt, befand sich eine Insel, größer als Asien und Libyen zusammengenommen, von welcher den damals Reisenden der Zugang zu den übrigen Inseln, von diesen aber zu dem ganzen gegenüberliegenden, an jenem wahren Meere gelegenen Festland offen stand. Denn das innerhalb jenes Einganges, von dem wir sprechen, Befindliche erscheint als ein Hafen mit einer engen Einfahrt; jenes aber wäre wohl wirklich ein Meer, das es umgebende Land aber mit dem vollsten Rechte ein Festland zu nennen. Auf dieser Insel Atlantis vereinte sich auch eine große, wundervolle Macht von Königen, welcher die ganze Insel gehorchte sowie viele andere Inseln und Teile des Festlandes; außerdem herrschten sie auch innerhalb, hier in Libyen bis Ägypten, in Europa aber Tyrrhenien. Diese in eins verbundene Gesamtmacht unternahm es nun einmal, euer und unser Land und das gesamte diesseits des Eingangs gelegene durch *einen* Heereszug zu unterjochen. Da nun, o Solon, wurde das Kriegsheer eurer Vaterstadt durch Tapferkeit und Mannhaftigkeit vor allen Menschen offenbar. Denn indem sie durch Mut und die im Kriege anwendbaren Kunstgriffe alle übertraf, geriet sie, teils an der Spitze der Hellenen, teils nach dem Abfalle der übrigen, notgedrungen auf sich allein angewiesen, in die äußersten Gefahren, siegte aber und errichtete Siegeszeichen über die Heranziehenden, hinderte sie, die noch nicht Unterjochten zu unterjochen, uns übrigen insgesamt aber, die wir innerhalb der Heraklessäulen wohnen, gewährte sie großzügig die Befreiung. Indem aber in späterer Zeit gewaltige Erdbeben und Überschwemmungen eintraten, versank, indem nur ein schlimmer Tag und eine schlimme Nacht hereinbrach, eure Heeresmacht insgesamt und mit einem Male unter die Erde, und in gleicher Weise wurde auch die Insel Atlantis durch Versinken in das Meer den Augen entzogen. Dadurch ist auch das dortige Meer unbefahrbar und undurchforschbar geworden, weil der in geringer Tiefe befindliche Schlamm, den die untergehende Insel zurückließ, hinderlich wurde.

## 04. Bereitschaft des Kritias, die Erzählung im Einzelnen zu berichten. Voranstellung einer Rede des Timaios über das Entstehen der Welt

Was der alte Kritias dem, was Solon gehört hatte, zufolge sagt, hast du, Sokrates, in aller Kürze vernommen. Als du aber gestern vom Staate und von dessen Bürgern, wie du sie darstelltest, sprachst, bewunderte ich es, an das, was ich eben erzählte, mich erinnernd, wie du zufällig, als ob ein Dämon aus dir spräche, meistens nicht ungenau mit dem, was Solon sagte, zusammenstimmtest. Doch wollte ich nicht sogleich das Wort ergreifen, denn wegen der Länge der Zeit war jenes mir nicht zur Genüge erinnerlich; so erkannte ich also, ich werde, bevor ich rede, mir selbst alles hinreichend in das Gedächtnis zurückrufen müssen. Daher sagte ich dir sogleich bereitwillig zu, was du gestern begehrtest, in der Meinung, wir würden, was bei solchen Aufgaben das Schwierigste ist, so ziemlich imstande sein, unserer Unterhaltung eine deinen Wünschen entsprechende Untersuchung zugrunde zu legen. Darum berichtete ich sogleich gestern, wie unser Freund da erzählte, diesen meine Erinnerungen; nach meiner Heimkehr aber wiederholte ich mir, so ziemlich alles durchdenkend, in der Nacht das Ganze, da gewiss, wie man zu sagen pflegt, das vom Knaben Erlernte in bewundernswürdiger Weise im Gedächtnis haftet. Denn ich weiß nicht, ob ich wohl imstande sein würde, alles, was ich gestern hörte, im Gedächtnis wieder aufzuspüren; dagegen sollte es mich sehr wundern, wenn mir etwas von dem, was ich vor sehr langer Zeit genau hörte, entfallen wäre. Damals also vernahm ich es unter großer Lust und Kurzweil, indem der Greis auf meine oft wiederholten Fragen bereitwillig mich beschied, so dass es wie eingebrannte Schrift unauslöschbar in mir haftet. Auch diesen Freunden erzählte ich gleich am Morgen dasselbe, damit es ihnen so wenig wie mir an Redestoff gebreche. Jetzt also, Sokrates, siehst du mich bereit, und deshalb führte ich alles eben Gesagte an, es nicht bloß im Allgemeinen, sondern jedes einzeln, wie ich es vernahm, zu berichten. Wir wollen aber die Bürger und den Staat, den du gestern als ein Erdichtetes uns darstelltest, jetzt auf das wirklich Geschehene hier übertragen und annehmen, jener sei derselbe mit diesem, und behaupten, die Bürger, wie du sie dir dachtest, seien unsere wahrhaften Voreltern, von denen der Priester erzählte. Sie werden durchaus mit diesen im Einklang stehen und wir keinen Missgriff tun, wenn wir sagen, dass sie die zu jener Zeit Lebenden sind. Indem wir aber alle gemeinschaftlich die Sache vornehmen, wollen wir nach Kräften versuchen, die uns von dir gestellte Aufgabe auf eine angemessene Weise zu lösen. Darum hast du, Sokrates, jetzt zu erwägen, ob diese Erzählung nach deinem Sinne ist oder ob wir an ihrer Stelle noch eine andere suchen müssen.

**SOKRATES:** Welche könnten wir wohl lieber vornehmen als diese, o Kritias, da sie ja wohl dem gegenwärtigen Opferfeste der Göttin ihrer Zugehörigkeit wegen am angemessensten ist; auch, dass es nicht eine erdichtete Sage, sondern eine wahrhafte Erzählung ist, ist etwas sehr Großes. Denn wie und woher sollten wir, wollten wir diese nicht berücksichtigen, andere auffinden? Das ist nicht möglich; sondern euch kommt es zu, getrost das Wort zu nehmen, mir aber, zum Entgelt meines gestrigen Berichtes, jetzt ruhig zuzuhören.

**KRITIAS:** Erwäge aber, Sokrates, die von uns festgestellte Aufeinanderfolge der dir bestimmten Gastgeschenke. Es schien uns nämlich angemessen, dass Timaios, als der Sternkundigste unter uns und derjenige, der es zur Hauptaufgabe seines Lebens machte, zur Kenntnis der Natur des Weltalls zu gelangen, zuerst rede und damit beginne, über die Entstehung der Welt zu sprechen, mit der Erzeugung des Menschen aber schließe. Nach ihm aber ich, nachdem ich von ihm die Menschen, seinem Vortrage zufolge, ins Dasein gerufen, von dir aber einige als in hohem Grade ausgebildet überkam, sie, der Erzählung und Gesetzgebung Solons gemäß, als Richter uns vorführe und, als seien es die Athener jener Zeit, zu Bürgern unseres Staates mache, von denen die in den heiligen Schriften niedergelegte Sage verkündet, sie seien von der Erde verschwunden, und von ihnen hinfort als unseren Bürgern und Athenern spreche.

**SOKRATES:** So soll mir, scheint es, in vollkommener und glänzender Weise mein Redeschmaus vergolten werden! Demnach dürfte es also nun wohl, wie es scheint, an dir, o Timaios, sein, das Wort zu nehmen, nachdem du, der Sitte gemäß, der Götter Beistand dir erflehtest.

## 05. Unterscheidung zwischen dem Seienden und dem Werdenden. Die Welt als geworden und als nach einem Vorbild geschaffenes Abbild

**TIMAIOS:** Tun das doch alle, wenn auch nur ein wenig Besonnenheit ihnen zuteil ward; sie riefen wohl stets beim Beginn eines jeden Unternehmens, ob groß oder klein, Gott an. Wir aber, die wir über das All zu sprechen im Begriff sind, wie es entstanden oder vielleicht auch nicht entstanden sei, müssen, sind wir nicht durchaus auf Irrwegen, notwendig, unter Anrufung der Götter und Göttinnen, zu ihnen flehen, dass wir am meisten nach ihrem Sinne, demzufolge aber auch nach unserem reden. Was nun die Götter angeht, so mögen sie so angerufen sein, uns selbst aber müssen wir zu solcher Rede aufrufen, wie ihr es am leichtesten fasst, ich aber am besten meine Gedanken über den vorliegenden Gegenstand euch darzulegen vermag.

Zuerst nun haben wir, meiner Meinung nach, dies zu unterscheiden: was ist das stets Seiende, das Entstehen nicht an sich hat, und was das stets Werdende, aber niemals Seiende; das eine, stets gemäß demselben Seiende ist durch Vernunft mit Denken zu erfassen, das andere dagegen durch Vorstellung vermittels vernunftloser Sinneswahrnehmung vorstellbar, als entstehend und vergehend, nie aber wirklich seiend. Alles Entstehende muss ferner notwendig aus einer Ursache entstehen; denn jedem ist es unmöglich, ohne Ursache das Entstehen zu erlangen. Wessen Erzeuger aber, mit stetem Hinblick auf das stets sich gleich Verhaltende, nach einem solchen Vorbilde dessen Gestalt und Kraft erschafft, das muss notwendig schön vollendet werden im Ganzen; wessen Erzeuger aber auf das Gewordene hinblickt und etwas Gewordenes zum Vorbild nimmt, das unschön. Der ganze Himmel aber – oder die Welt, oder welcher Name sonst jemandem dafür belieben mag, der sei uns genehm –, von ihm müssen wir zuerst erwägen, was es offenbar anfangs bei jedem zu erwägen gilt, ob er stets war und kein Anfang seines Entstehens stattfand, oder ob er, von einem Anfange ausgehend, entstand.

Er entstand; denn er ist sichtbar und betastbar und hat einen Körper. Alles Derartige aber ist wahrnehmbar, alles Wahrnehmbare aber, durch Vorstellung vermittels Sinneswahrnehmung zu erfassen, zeigte sich als ein Werdendes und Erzeugtes; von dem Gewordenen aber behaupten wir ferner, dass es notwendig aus einer Ursache hervorging.

Also den Urheber und Vater dieses Weltalls aufzufinden, ist schwer, nachdem man ihn aber auffand, ihn allen zu verkünden, unmöglich. Dies aber müssen wir ferner über es erwägen, nach welchem Vorbilde sein Werkmeister es auferbaute, ob nach dem stets ebenso und in gleicher Weise Beschaffenen oder nach dem Gewordenen. Ist aber diese Welt schön und ihr Werkmeister gut, dann war offenbar sein Blick auf das Unvergängliche gerichtet, bei der Voraussetzung dagegen, die auch nur auszusprechen frevelhaft wäre, auf das Gewordene. Jedem aber ist gewiss offenbar, auf das Unvergängliche, denn sie ist das Schönste alles Gewordenen, er der beste aller Urheber. So also entstanden, ist sie nach dem durch Nachdenken und Vernunft zu Erfassenden und stets sich Gleichbleibenden auferbaut; da sich aber dies so verhält, ist es durchaus notwendig, dass diese Welt von etwas ein Abbild sei. Das Wichtigste aber ist, bei allem von einem naturgemäßen Anfange auszugehen. So nun muss man sich in Hinsicht auf das Abbild und sein Vorbild erklären, dass jeweils die Reden, wessen Ausleger sie sind, eben dem auch verwandt sind. Die Aussagen von dem Beharrlichen, Gewissen, der Vernunft Offenbaren müssen beharrlich und unveränderlich sein – soweit möglich ist und es Reden zukommt, unwiderlegbar und unerschütterlich zu sein, daran dürfen sie nichts fehlen lassen; die aber von dem jenem Nachgebildeten, welches ein Abbild ist, die müssen wahrscheinlich sein und im Verhältnis zu jenen stehen; denn wie das Sein zum Werden, so verhält sich die Wahrheit zum Glauben. Wundere dich also nicht, o Sokrates, wenn wir in vielen Dingen über vieles, wie die Götter und die Entstehung des Weltalls, nicht imstande sind, durchaus und durchgängig mit sich selbst übereinstimmende und genau bestimmte Aussagen aufzustellen. Ihr müsst vielmehr zufrieden sein, wenn wir sie so wahrscheinlich wie irgendein anderer geben, wohl eingedenk, dass mir, dem Aussagenden, und euch, meinen Richtern, eine menschliche Natur zuteil ward, so dass es uns geziemt, indem wir die wahrscheinliche Rede über diese Gegenstände annehmen, bei unseren Untersuchungen diese Grenze nicht zu überschreiten.

**SOKRATES:** Sehr gut, Timaios, das müssen wir durchaus, wie du begehrst, annehmen. Dein Vorspiel hat also unbedingt unsern Beifall, fahre nun in deinem Gesange fort und führe ihn hinaus.

## 06. Grund der Schöpfung und Vorbild der Welt. Ihre Einzigkeit

**TIMAIOS:** Geben wir denn an, welcher Grund den Ordner alles Entstehens und dieses Weltganzen, es zu ordnen, bestimmte. Er war gut; im Guten aber erwächst niemals und in keiner Beziehung Missgunst. Dieser fern wollte er, dass alles ihm selbst möglichst ähnlich werde. Mit dem größten Rechte möchte jemand wohl der Rede weiser Männer, die das für den hauptsächlichsten Ursprung des Entstehens und der Welt erklären, Glauben beimessen. Indem nämlich Gott wollte, dass alles gut und, soviel wie möglich, nichts schlecht sei, brachte er, da er alles Sichtbare nicht in Ruhe, sondern in ungehöriger und ordnungsloser Bewegung vorfand, dasselbe aus der Unordnung zur Ordnung, da ihm diese durchaus besser schien als jene. Aber dem Besten war es weder, noch ist es ihm gestattet, etwas anderes als das Schönste zu tun; indem er also von dem seiner Natur nach Sichtbaren den Schluss machte, fand er, dass nichts des Denkvermögens Entbehrendes als Ganzes je schöner sein werde als das mit Vernunft Begabte als Ganzes, dass aber unmöglich ohne Seele etwas der Vernunft teilhaftig werden könne. Von diesem Schlusse bewogen, verlieh er der Seele Vernunft und dem Körper die Seele und gestaltete daraus das Weltall, um so das seiner Natur nach schönste und beste Werk zu vollenden.

So also sei, müssen wir der Wahrscheinlichkeit nach annehmen, durch Gottes Fürsorge diese Welt als ein beseeltes und in Wahrheit mit Vernunft begabtes Lebendes entstanden. Dies angenommen, müssen wir nun ferner angeben, welchem Lebenden ähnlich der Ordner es ordnete. Keinem seiner Natur nach unter dem Begriffe des Teiles Befassten wollen wir diesen Vorzug zuerkennen; denn nimmer möchte wohl etwas einem Unvollkommenen Ähnliches zu einem Schönen werden; wir wollen vielmehr annehmen, dass es vor allem dem am ähnlichsten sei, dessen Teil alles Lebende einzeln und seinen Gattungen nach ist; denn jenes umfasst und schließt alles denkbare Lebende in sich, wie dieses Weltall uns und alle außer uns sichtbaren Geschöpfe. Indem er es also dem schönsten unter allem Gedachten und in jeder Beziehung Vollkommenen möglichst ähnlich zu machen beabsichtigte, ordnete er es an als *ein* sichtbares Lebendes, welches alles von Natur ihm verwandte Lebende in sich fasst.

Haben wir also mit Recht von *einem* Himmel gesprochen, oder war es richtiger, von vielen und unendlichen zu reden? Von *einem,* soll er nach seinem Vorbilde aufgebaut sein; denn was da alle denkbaren Lebewesen umfasst, dürfte wohl nimmer als Zweites neben einem andern sein. Ein anderes Lebendes müsste ja dann wieder jene beiden einschließen, wovon sie ein Teil wären, und man würde nicht sagen, dass die Welt nach jener beiden, sondern richtiger, dass sie nach dieses, des Umschließenden, Ähnlichkeit gestaltet sei. Damit diese nun als ein Alleiniges dem durchaus vollkommenen Lebenden ähnlich sei, darum gestaltete ihr Urheber weder zwei noch unendliche Welten, sondern Himmel ward als ein alleiniger und eingeborener und wird es ferner sein.

## 07. Der Leib der Welt. Grund seines Bestehens aus vier Bestandteilen und seiner Kugelgestalt

Das Gewordene muss aber ein Körperliches, ein Sichtbares und Betastbares sein. Nun dürfte wohl nichts je ohne Feuer sichtbar noch ohne ein Festes betastbar werden, Festes aber nicht ohne Erde. Daher schuf der Gott, als er den Leib des Alls zusammenzusetzen begann, ihn aus Feuer und Erde. Nur zwei Bestandteile aber ohne einen dritten wohl zu verbinden, ist nicht möglich; denn inmitten beider muss ein beide verknüpfendes Band entstehen. Das schönste aller Bänder ist nun das, welches das Verbundene und sich selbst soviel wie möglich zu einem macht; das aber vermag seiner Natur nach am besten ein gegenseitiges Verhältnis zu bewirken. Wenn sich nämlich von irgendwelchen drei Zahlen oder Massen oder Flächen die mittlere zur letzten wie die erste zu ihr sich verhält, und so auch die letzte zur mittleren wie diese zur ersten, so folgt, indem die mittlere zur ersten und letzten wird und die letzte und erste beide zu mittleren, daraus notwendig, dass alle dieselben seien, indem sie aber untereinander zu demselben werden, dass alle eins sein werden. Sollte nun der Leib des Weltganzen zu einer keine Tiefe habenden Fläche werden, dann wäre *ein* Vermittelndes ausreichend, sich selbst und das ihm Zugehörige zu verbinden. Nun aber kam es ihm zu, zu einem Festen zu werden, das Feste aber verbinden nicht ein, sondern immer zwei Mittelglieder; demnach also, indem der Gott inmitten zwischen Feuer und Erde Wasser und Luft einfügte und sie zueinander soviel wie möglich in demselben Verhältnis schuf, nämlich wie Feuer zur Luft, so Luft zum Wasser, und wie Luft zum Wasser, so Wasser zur Erde, verknüpfte und gestaltete er so den sichtbaren und greifbaren Himmel. Und deswegen ward aus diesen und derartigen, der Zahl nach vierfachen Bestandteilen der Leib des Welt ganzen erzeugt als durch das Verhältnis übereinstimmend, und er erlangte Befreundetheit aus diesen, so dass er, mit sich selbst zu demselben vereint, für jeden andern mit Ausnahme dessen, welcher ihn verknüpfte, unauflöslich war.

Von diesen vieren aber hat das Weltgefüge jedes einzelne ganz in sich aufgenommen. Aus dem gesamten Feuer, Wasser, Luft und Erde fügte es nämlich derjenige, welcher es zusammenfügte, zusammen, ohne außerhalb desselben einen Teil oder die Kraft irgendeines jener zurückzulassen, in der Absicht, dass erstens *ganz,* so sehr möglich, das vollkommene Lebende sei und aus vollkommenen Teilen bestehend und außerdem ein Eines, da ja nichts übrig gelassen war, woraus ein anderes der Art gebildet werden konnte, sowie ferner, damit es unalternd und keinem Siechtum unterworfen sei, indem er erwog, dass Warmes und Kaltes und alles, was eine große Kraft übt, wenn es auf einen zusammengesetzten Körper, von außen ihn umgebend, zur Unzeit einwirkt, ihn auflöst und durch Herbeiführung von Alter und Krankheiten untergehen lässt. Aus diesem Grunde und durch solche Schlüsse bestimmt, gestaltete er es aus lauter Ganzen als *ein* vollkommenes, nie alterndes noch erkrankendes Ganzes und verlieh ihm die ihm angemessene und verwandte Gestalt. Dem Lebenden aber, das bestimmt war, alles Lebende in sich zu umfassen, dürfte wohl die Gestalt angemessen sein, welche alle irgend vorhandenen Gestalten in sich schließt; darum verlieh er ihm die kugelige, vom Mittelpunkte aus nach allen Endpunkten gleich weit abstehende kreisförmige Gestalt, die vollkommenste und sich selbst ähnlichste aller Gestalten, indem er das Gleichartige für unendlich schöner ansah als das Ungleichartige. Die Außenseite gestaltete er aber aus vielen Gründen ringsum vollkommen glatt. Bedurfte es doch nicht der Augen, denn außerhalb war nichts Sichtbares, nicht der Ohren, denn auch nichts Hörbares war geblieben; auch keine des Einatmens fähige Luft umgab es; ebenso wenig war es eines Werkzeuges bedürftig, die Nahrung in sich aufzunehmen und, nachdem es dieselbe zuvor verarbeitete, sie wieder fortzuschaffen. Denn nirgendwärtsher fand ein Zugang oder Abgang statt, war doch nichts vorhanden, sondern ein Sichselbstverzehren gewährt der Welt ihre Nahrung; sie ist kunstvoll so gestaltet, dass sie alles in sich und durch sich tut und erleidet, da ihr Bildner meinte, als sich selbst genügend werde sie besser sein als eines andern bedürftig. Auch Hände, deren sie weder um, etwas zu fassen noch zur Abwehr bedurfte, ihr zwecklos anzufügen, hielt er für unnötig, desgleichen auch Füße oder überhaupt sonst etwas der zum Gehen erforderlichen Dienerschaft. Unter den sieben Bewegungen teilte er ihr die ihrer Gestalt angemessene, dem Nachdenken und dem Verstande am meisten eigentümliche zu. Indem er sie also gleichmäßig in demselben Raume und in sich selbst herumführte, machte er sie zu einem im Kreise sich drehenden Kreise, die anderen sechs Bewegungen aber entzog er ihr insgesamt und gestattete ihnen keine störende Einwirkung; behufs dieses Umschwungs aber, der der Füße nicht bedarf, bildete er sie ohne Füße und Schenkel.

## 08. Die Zusammenfügung der Weltseele

Diese ganze Schlussfolge des immer seienden Gottes in Bezug auf den sein werdenden Gott ließ ihn denselben glatt und ebenmäßig und vom Mittelpunkte aus nach allen Richtungen gleich, als ein Ganzes und einen vollkommenen, aus vollkommenen Körpern bestehenden Körper gestalten. Indem er aber seiner Mitte die Seele einpflanzte, ließ er diese das Ganze durchdringen und auch noch von außen her den Körper umgeben und bildete den einen, alleinigen, einzigen Himmel, einen im Kreise sich drehenden Kreis, vermögend, durch eigene Kraft sich selbst zu befruchten, und keines andern bedürftig, sondern sich selbst zur Genüge bekannt und befreundet; so erzeugte er ihn als einen durch dieses alles seligen Gott.

Die Seele aber ward nicht, wie wir jetzt später von ihr zu sprechen versuchen, so auch als das jüngere Erzeugnis von dem Gotte ersonnen; denn nimmer hätte er wohl gestattet, dass das Ältere von dem Jüngeren, mit dem er es verband, beherrscht würde, sondern wir drücken uns wohl nur so aus, wie wir gar häufig vom Zufall und dem Geratewohl abhängen; er aber gestaltete die ihrer Entstehung und ihrer Vorzüglichkeit nach frühere und ältere Seele als Gebieterin und Beherrscherin des ihr unterworfenen Körpers aus solchen Bestandteilen und auf solche Weise. Zwischen dem unteilbaren, keinem Wechsel unterworfenen Sein und dem teilbaren, in den Körpern werdenden mischte er aus beiden eine dritte Gattung des Seins; was aber wiederum die Natur des Selben und die des Verschiedenen angeht, so stellte er auch bei diesen je eine dritte Gattung zusammen zwischen dem Unteilbaren von ihnen und dem in den Körpern Geteilten. Und diese drei nahm er und vereinte alle zu *einer* Gestalt, indem er die schwer vereinbare Natur des Verschiedenen gewaltsam mit der des Selben in Einklang brachte und sie mit dem Sein vermischte. Und als er aus Dreien Eines gemacht hatte, teilte er dieses Ganze wieder in so viele Teile, als sich geziemte, deren jeder aus dem Selben, dem Verschiedenen und dem Sein gemischt war. Er begann aber folgende Teilung. Zuerst entnahm er *einen* Teil dem Ganzen, dann das Doppelte desselben, als dritten das Anderthalbmalige des zweiten, aber Dreifache des ersten, als vierten das Doppelte des zweiten, als fünften das Dreifache des dritten, als sechsten das Achtfache des ersten, als siebenten das Siebenundzwanzigfache des ersten; darauf füllte er die zweifachen und dreifachen Abstände dadurch aus, dass er noch mehr Teile abschnitt und sie zwischen dieselben stellte, so dass sich zwischen jedem Abstande zwei Mittelglieder befanden, deren eines um denselben *Teil* der äußeren das eine äußere übertraf, um welchen es von den andern übertroffen wurde, das andere dagegen um die gleiche *Zahl* das eine übertraf und dem andern nachstand; da nun durch diese Verknüpfungen zwischen den ersten Abständen anderthalb-, vierdrittel- und neunachtelmalige Abstände entstanden, füllte er mit dem neunachtelmaligen Abstande alle vierdrittelligen aus, indem er von jedem derselben einen Teil zurückließ. Das Zahlenverhältnis des von diesem Abstande zurückgebliebenen Teiles aber verhielt sich wie zweihundertsechsundfünfzig zu zweihundertdreiundvierzig, und so war also die Mischung, von der er diese Teile abgeschnitten hatte, bereits ganz verwendet. Indem er nun diese gesamte Zusammenfügung der Länge nach zweifach spaltete, die Mitte der einen an die der andern in der Gestalt eines Chi (P) fügte, bog er sie zusammen und verband sie durch einen Kreis in eins, jede nämlich der Stelle des (ersten) Zusammentreffens gegenüber mit sich selbst und mit der andern, umschloss sie rings durch die gleichförmige und in *einem* Raume kreisende Bewegung und führte den einen der Kreise von innen, den anderen von außen herum. Die äußere Bewegung sollte, gebot er, der Natur des Selben, die innere aber der des Verschiedenen angehören. Die des Selben führte er längs der Seite rechts herum, die des Verschiedenen der Diagonale nach nach links. Doch das Übergewicht verlieh er der Umkreisung des Selben und Ähnlichen; denn sie allein ließ er ungespalten, die innere dagegen spaltete er sechsmal in sieben ungleiche Kreise, jede nach den Abständen des Zwei- und Dreifachen, deren je drei sind, und gebot den Kreisen, einander entgegen zu rollen, dreien nämlich mit ähnlicher, den vier übrigen aber mit einer unter sich selbst und jenen dreien unähnlichen, aber verhältnismäßigen Schnelligkeit.

## 09. Das Erkennen der Seele

Als nun die ganze Zusammenfügung der Seele der Weisheit des Zusammenfügenden gemäß gediehen war, gestaltete er darauf alles Körperliche innerhalb derselben und brachte es, die Mitte der Mitte verbindend, mit ihr in Einklang. Indem sie aber von der Mitte aus bis zum äußersten Himmel überall hineinverflochten war und von außen ringsum diesen umschließend selbst in sich selber kreiste, begann ihr der göttliche Anfang eines endlosen und vernünftigen Lebens für alle Zeit. Und der Leib des Himmels ward ein sichtbarer, die Seele aber unsichtbar, doch des Denkens und des Einklanges teilhaftig, indem der Beste alles Denkbaren und immer Seienden zum Besten alles Gewordenen sie werden ließ. Da sie nun aus den drei Bestandteilen des Selben, des Verschiedenen und des Seins nach verhältnismäßiger Verteilung und Verknüpfung also gemischt ist und ihre Kreise um sich selber beschreibt, sagt sie sich, im ganzen Umkreis ihrer Bewegung – ob sie nun einem Gegenstande von teilbarem oder unteilbarem Sein sich zuwende und mit wem auch immer er dasselbe sein mag oder wovon auch immer verschieden –, in welcher Beziehung eigentlich und in welcher Weise und wie und wann es zutrifft, dass der Gegenstand im Bereiche des Werdenden in Hinsicht auf etwas jedes ist und annimmt oder in Hinsicht auf das, was sich immer auf gleiche Weise verhält. Wenn nun diese Rede, ebenso wahr, ob sie dem Verschiedenen oder dem Selben sich zuwende, indem sie in dem sich selbst Bewegenden laut- und geräuschlos sich erhebt, auf das sinnlich Wahrnehmbare sich erstreckt und des Verschiedenen richtiger Kreislauf der ganzen Seele davon Kunde gibt, dann erzeugen sich zuverlässige und richtige Meinungen und Annahmen; wendet sie sich dagegen dem Denkbaren zu und bringt es des Selben beweglicher Kreislauf zu ihrer Kunde, dann gedeiht notwendig Vernunft und Wissen zur Vollendung. Behauptete aber jemand, dass dieses beides in etwas anderem als in der Seele sich erzeuge, dann trifft seine Behauptung mehr mit irgendetwas anderem als mit der Wahrheit zusammen.

## 10. Erschaffung der Zeit als bewegliches Abbild der Unvergänglichkeit

Als nun der Vater, der es erzeugte, in dem Weltganzen, indem er es in Bewegung und vom Leben durchdrungen sah, ein Schmuckstück für die ewigen Götter erblickte, ergötzte es ihn, und erfreut sann er darauf, seinem Urbilde es noch ähnlicher zu gestalten. Gleichwie nun dieses selbst ein unvergänglich Lebendes ist, versuchte er auch dieses Weltganze soviel wie möglich zu einem solchen zu vollenden. Da nun die Natur dieses Lebenden aber eine unvergängliche ist, diese Eigenschaft jedoch dem Erzeugten vollkommen zu verleihen unmöglich war: so sann er darauf, ein bewegliches Bild der Unvergänglichkeit zu gestalten, und machte, dabei zugleich den Himmel ordnend, dasjenige, dem wir den Namen Zeit beigelegt haben, zu einem in Zahlen fortschreitenden unvergänglichen Bilde der in dem Einen verharrenden Unendlichkeit. Da es nämlich, bevor der Himmel entstand, keine Tage und Nächte, keine Monate und Jahre gab, so ließ er damals, indem er jenen zusammenfügte, diese mit entstehen; diese aber sind insgesamt Teile der Zeit, und das *WAR* und *WIRD SEIN* sind gewordene Formen der Zeit, die wir, uns selbst unbewusst, unrichtig auf das unvergängliche Sein übertragen. Denn wir sagen doch: Es war, ist und wird sein; der richtigen Ausdrucksweise zufolge kommt aber jenem nur das *IST* zu, das *WAR* und *WIRD SEIN* ziemt sich dagegen nur von dem in der Zeit fortschreitenden Werden zu sagen, sind es doch Bewegungen; dem stets sich selbst gleich und unbeweglich Verharrenden aber kommt es nicht zu, durch die Zeit jünger oder älter zu werden, noch irgend einmal geworden zu sein oder es jetzt zu sein oder in Zukunft zu werden, und überhaupt nichts, was das Werden dem in Sinneswahrnehmung Beweglichen anknüpfte; vielmehr sind diese entstanden als Begriffe der die Unvergänglichkeit nachbildenden und nach Zahlenverhältnissen Kreisläufe beschreibenden Zeit. Außerdem aber bedienen wir uns auch noch folgender Ausdrücke: Das Gewordene *sei* ein Gewordenes, das Werdende *sei* ein Werdendes und das zu werden Bestimmte *sei* ein zu werden Bestimmtes sowie das Nichtseiende *sei* ein Nichtseiendes, aber keiner derselben ist vollkommen genau. Darüber gegenwärtig in genauere Erörterungen, uns einzulassen, dürfte aber wohl nicht an der Zeit sein.

## 11. Die Planeten als Erzeuger der Zeit. Ihre Bahnen

Die Zeit entstand also mit dem Himmel, damit, sollte je eine Auflösung stattfinden, sie als zugleich erzeugt zugleich aufgelöst würden, und nach dem Vorbilde des durchaus unvergänglichen Wesens, damit sie ihm so ähnlich wie möglich sei; denn das Vorbild ist die ganze Ewigkeit hindurch seiend, die Zeit hingegen fortwährend zu aller Zeit geworden, seiend und sein werdend. Der Weisheit und solcher Absicht Gottes bei Erzeugung der Zeit zufolge entstanden nun, damit die Zeit entstehe, Sonne und Mond und fünf andere Sterne, die den Namen Planeten führen, zur Begrenzung und Feststellung der die Zeit bezeichnenden Zahlen; nachdem aber der Gott für jeden von ihnen Körper gestaltet hatte, wies er den sieben die sieben Bahnen an, in welchen sich der Kreislauf des Verschiedenen bewegt, dem Monde die nächste um die Erde, der Sonne die zweite über der Erde, dem Morgensterne aber und dem seinem Namen nach dem Hermes geweihten an Schnelligkeit dem der Sonne gleiche Kreise, doch eine dieser entgegengesetzte Kraft besitzende, so dass die Sonne und der Planet des Hermes und der Morgenstern einander überholen und voneinander überholt werden. Wollte aber jemand die Bahnen, in welche er die anderen und aus welchen Ursachen er sie setzte, alle durchgehen, so würde diese nicht zur Sache gehörige Darstellung der dazu erforderlichen Mühe nicht angemessen sein. Vielleicht aber dürfte sich später die Muße finden, diesen Gegenstand auf eine seiner würdige Weise zu behandeln.

Nachdem nun jeder Himmelskörper, dessen es zur Hervorbringung der Zeit bedurfte, in die ihm zukommende Bahn gelangt war und diese Körper, durch seelische Bande zusammengehalten, zu lebenden Wesen wurden und das ihnen Gebotene vernommen hatten, beschrieb der eine auf der schiefen Bahn des Verschiedenen, welche die des Selben, von dieser abhängig, durchschnitt, einen größeren, der andere einen kleineren Kreis, der den kleineren beschreibende in schnellerem, der den größeren in langsamerem Umschwung. Aber vermöge der Bewegung des Selben hatte es den Anschein, dass die am schnellsten sich bewegenden von den langsameren, die sie überholten, überholt würden. Denn indem sie sie alle ihre Kreise in Schneckenwindungen beschreiben ließ, bewirkte sie, da diese zugleich in zwei getrennten und entgegengesetzten Richtungen sich bewegten, dass der am langsamsten von ihr, der schnellsten, sich entfernende als der ihr nächste erschien. Damit es aber ein augenfälliges Maß der gegenseitigen Schnelligkeit und Langsamkeit gebe, mit der sie in den acht Bahnen sich bewegten, entzündete der Gott in dem von der Erde aus zweiten der Kreisumläufe ein Licht, welches wir eben Sonne nannten, damit es möglichst dem gesamten Himmel leuchte und damit die lebenden Wesen, deren Natur das angemessen erschien, die Zahl besäßen, über welche sie der Umschwung des Selben und Gleichförmigen belehrte. So und deshalb ist nun Tag und Nacht entstanden, der Umschwung der einen und besonnensten Kreisbahn; der Monat aber, wenn der seinen Kreislauf beschreibende Mond die Sonne wieder einholt, und das Jahr, wenn die Sonne ihren Kreislauf vollendete. Die Umläufe der übrigen Planeten haben die Menschen, mit Ausnahme weniger unter vielen, nicht begriffen und geben weder ihnen Namen, noch messen sie, angestellten Beobachtungen zufolge, ihre Bahnen nach Zahlen gegeneinander ab, so dass sie schier nicht wissen, dass die schwer zu bestimmende Mannigfaltigkeit und der wundervolle Wechsel ihres Umherschweifens Zeit ist. Dem ungeachtet lässt es nichtsdestoweniger sich begreifen, dass die vollkommene Zeitenzahl das vollkommene Jahr dann abschließt, wenn die gegeneinander abgelaufene Schnelligkeit der sämtlichen acht Umläufe, abgemessen nach dem Kreise des Selben und des gleichförmigen Fortschreitens, ihre Ausgangspunkte erreicht. Demnach und aus diesen Gründen wurden diejenigen Sterne erzeugt, welche auf ihrer Bahn durch den Himmel ihre Wendepunkte haben, damit dieses Weltganze dem vollkommenen und denkbaren Lebenden, dessen unvergängliches Wesen nachbildend, so ähnlich wie möglich werde.

## 12. Die vier Gattungen des Lebenden. Bewegung und Wesen der sichtbaren Götter

Schon war bis zur Erzeugung der Zeit das übrige seinem Urbilde nachgebildet; nur insofern war das Nachbild diesem unähnlich, als es noch nicht alle die Lebewesen als in sich erzeugte umschloss. Dieses ihm noch Mangelnde vollendete er, der Natur des Urbildes es nachgestaltend. In welcher Weise nun die Vernunft in dem Lebenden, was *ist*, darinseiende Gattungen erschaut, so erkannte er, dass auch das Nachbild dieselben in gleicher Anzahl und Beschaffenheit umfassen müsse. Deren sind aber vier: die eine der Götter himmlisches Geschlecht, die andere das geflügelte, die Lüfte durchschneidende, die dritte die im Wasser hausende Art, die vierte die dahinwandelnde und auf dem Festland lebende. Die Gattung des Göttlichen gestaltete er größtenteils aus Feuer, damit sie am glänzendsten sei und den schönsten Anblick gewähre, machte sie, Ähnlichkeit mit dem Weltall ihr zu verleihen, wohlgerundet und setzte sie in die Besonnenheit des Besten, welchem sie nachstrebt, sie ringsum über den Himmel verteilend, auf dass dieser, durch sie allerwärts ausgeschmückt, zu einer wahren Weltordnung werde. Jedem verlieh er aber eine zwiefache Bewegung, die eine gleichmäßig und auf derselben Stelle, indem seine Vorstellungen über dasselbe stets dieselben und mit sich im Einklange sind, die andere aber fortschreitend, da der Umschwung des Selben und Ähnlichen ihn forttreibt. In Bezug auf die fünf übrigen Bewegungen aber ist er unbeweglich und feststehend, damit jeder derselben zum möglichst besten werde. Aus diesem Grunde entstanden diejenigen Sterne, welche ihre Stellung nicht verändern, lebende Wesen göttlicher Art und unvergänglich, die in gleichmäßiger Weise sich umwälzend stets an derselben Stelle verharren; die sich umwendenden und einen solchen Lauf beschreibenden dagegen wurden, wie wir im Vorhergehenden bemerkten, nach dem Vorbilde jener gebildet, die Erde aber, unsere Ernährerin, befestigt an der durch das Weltall hindurchgehenden Weltachse, bildete er zur Erzeugerin und Hüterin der Nacht und des Tages, die erste und ehrwürdigste der innerhalb des Himmels erzeugten Götter. Aber die Reigentänze eben dieser Götter und ihr Vorübergehen aneinander, sowie das Zurückkehren dieser Kreisbahnen im Verhältnis zu sich selbst und ihr Voranschreiten; welche dieser Götter bei ihrem Zusammentreffen in Vereinigung treten und welche in Gegenschein; durch welcher derselben Vorübergehen aneinander und zu welchen Zeiten jegliche, indem sie den Augen entzogen werden und wieder zum Vorschein kommen, Befürchtungen erregen und denjenigen, welche so etwas nicht zu berechnen vermögen, als Vorzeichen der Dinge, die da kommen sollen, erscheinen: darüber ohne genaues Betrachten der bekannten Nachbildungen sprechen zu wollen, wäre ein eitles Bemühen; vielmehr ist das bisher Gesagte ausreichend, und unsere Rede über das Wesen der sichtbaren und entstandenen Götter sei hiermit beschlossen.

## 13. Die übrigen Götter. Der Auftrag des Weltschöpfers an sie

Über die übrigen Götter aber zu sprechen, um ihrer Erzeugung nachzuforschen, übersteigt unsere Kräfte, vielmehr müssen wir denen Glauben beimessen, die früher darüber gesprochen haben, da sie, ihrer Behauptung nach, Abkömmlinge der Götter waren und doch wohl genau ihre eigenen Voreltern kannten; sonach ist es unmöglich, den Göttersöhnen den Glauben zu verweigern; wir müssen ihnen den Gesetzen gehorchend glauben, obgleich sie ihre Reden nicht durch wahrscheinliche und schlagende Gründe unterstützen, sondern ihnen Wohlbekanntes zu verkündigen behaupten. Folgendergestalt verhalte es sich also nach ihrem Zeugnis mit der Erzeugung dieser Götter, und so laute unsere Rede. Kinder der Ge und des Uranos waren Okeanos und Tethys, dieser aber Phorkys, Kronos und Rhea und die zu diesen gehören; dem Kronos und der Rhea entstammen ferner Zeus, Here und alle, von denen wir wissen, dass sie Geschwister dieser heißen, sowie noch andere Abkömmlinge dieser. Als nun alle Götter, welche sichtbar umherwandeln, sowie diejenigen, die nach eigener Willkür sich uns offenbaren, geboren waren, sprach zu ihnen derjenige, der dieses ganze Weltall erzeugte, also:

«Ihr Götter göttlichen Ursprungs, welcher Werke Urheber und Vater ich bin, die sind als durch mich hervorgebracht ohne meinen Willen unauflösbar. Nun ist alles, was verbunden ward, auch wieder auflösbar; aber frevelhaft wäre es, das gut Zusammengefügte und wohl Bestehende wieder auflösen zu wollen. Demnach seid ihr, als entstanden, nicht unsterblich noch durchaus unauflösbar, werdet aber nicht wieder aufgelöst werden noch dem Lose des Todes anheim fallen, da mein Wille für euch ein noch stärkeres und mächtigeres Band ist, als was bei euerm Entstehen euch verband. Vernehmt also, was ich jetzt verkündend euch sage. Noch sind drei sterbliche Geschlechter zu erzeugen übrig, ohne deren Entstehen das Weltganze unvollendet bleibt, indem es nicht alle Gattungen des Lebenden in sich umfassen wird; das muss es aber, soll es ein ganz Vollendetes sein. Gelangte nun dieses durch mich zur Entstehung und zum Leben, dann würde es den Göttern gleichgestellt; damit diese also sterblich und dieses All in Wahrheit ein Allumfassendes sei, so wendet ihr euch, euerm Wesen nach, zur Hervorbringung der lebenden Geschöpfe und sucht die von mir bei eurer Erzeugung bewiesene Schöpferkraft nachzuahmen. Was aber an ihnen gleichen Namen mit den Unsterblichen zu führen verdient, was göttlich genannt wird und in denjenigen unter ihnen waltet, die stets dem Rechte und euch zu gehorchen geneigt sind, dessen Aussaat und Anfänge will ich euch übergeben; das übrige aber gestaltet ihr und erzeugt, das Sterbliche dem Unsterblichen anfügend, die lebenden Geschöpfe, lasst sie, indem ihr Nahrung ihnen gewährt, heranwachsen und nehmt sie nach ihrem Hinschwinden wieder auf.»

## 14. Erschaffung der menschlichen Seelen. Ihre Belehrung über die Gesetze des Schicksals

So sprach er und goss nun wieder in den ersten Mischkrug, in welchem er die Seele des Weltganzen einigend mischte, das früher Übriggebliebene, welches er ziemlich auf dieselbe Weise mischte, doch nicht mehr ebenso in derselben Weise Lauteres, sondern Bestandteile zweiten und dritten Grades. Nachdem er das Ganze verband, sonderte er eine der der Sterne gleichkommende Anzahl von Seelen aus, teilte jedem Sterne eine zu, belehrte sie, indem er gleichsam ein Fahrzeug ihnen anwies, über die Natur des Weltganzen und verkündete ihnen die unausweichlichen Gesetze. Das erste Entstehen solle allen, damit keine von ihnen hintangesetzt werde, gleichmäßig bestimmt sein. Es müsse aus ihrer Verteilung auf die jeder einzelnen angemessenen Werkzeuge der Zeit das unter den Lebenden gottesfürchtigste Geschöpf hervorgehen, da jedoch die Natur des Menschen eine doppelte sei, solle das überlegenere Geschlecht dasjenige sein, welches in der Folge den Namen *MANN* führen werde. Nachdem sie nun, nach dem Gesetze der Notwendigkeit, den Körpern eingepflanzt wurden, diese aber bald einen Zugang, bald einen Abgang erfahren, werde erstens notwendig allen eine und dieselbe Sinneswahrnehmung von gewaltsamen Eindrücken angeboren; zweitens eine mit Lust und Schmerz gemischte Liebe und außerdem Furcht und Erzürnen und was daraus hervorgeht, sowie die diesen entgegengesetzten Gemütsbewegungen; gelangten sie nun zur Herrschaft über diese, werde ihr Leben ein gerechtes, unterlägen sie ihnen, ein ungerechtes. Wer aber die ihm zukommende Zeit wohl verlebte, der werde wieder nach dem Wohnsitze des ihm verwandten Sternes zurückwandern und ein glückseliges, seinem früheren entsprechendes Leben führen, verfehle er das aber, dann werde er bei seiner zweiten Geburt in die Natur des Weibes übergehen. Lasse er jedoch auch dann von seiner Schlechtigkeit noch nicht ab, dann werde er, der Verschlechterung seiner Sinnesart gemäß und der in ihm erzeugten schlechten Gesinnung entsprechend, stets die ähnlich beschaffene tierische Natur annehmen. Nicht eher solle aber seine durch diese Verwandlungen herbeigeführte Not enden, bis er, der in ihm selbst obwaltenden Richtung des Selben und Ähnlichen den mächtigen und erst später ihm aus Feuer, Wasser, Luft und Erde erwachsenen stürmischen und vernunftwidrigen Andrang nachziehend, ihn durch die Vernunft besiegte und wieder zu jener ersten und besten Gemütsbeschaffenheit gelangte. Nachdem er alle diese Gesetze, damit nicht ihn die Schuld der späteren Schlechtigkeit der Einzelnen treffe, vollständig für sie festgestellt, streute er den Samen, der einen auf der Erde, der andern auf dem Monde und noch anderer auf den übrigen Werkzeugen der Zeit aus. Nach dieser Aussaat aber überließ er es den jungen Göttern, sowohl die sterblichen Leiber zu gestalten als für das übrige zu sorgen, was noch zur menschlichen Seele hinzugefügt werden müsse, nachdem sie aber das und alles daraus Hervorgehende vollendet, über sie zu herrschen und, soviel sie vermöchten, auf das schönste und beste das sterbliche Wesen fortwährend zuleiten, soweit es nicht selbst Urheber der es selbst betreffenden Übel würde.

## 15. Durch die Einkörperung bedingte Verwirrung der Seelenumläufe

Er aber verharrte, nachdem er dieses alles angeordnet, in seinem gewohnten Wesen. Indem aber seine Kinder bei diesem Verharren der Anordnung ihres Vaters innewurden, befolgten sie dieselbe und fügten, indem sie des sterblichen Wesens unsterblichen Anfang übernahmen und ihrem eigenen Schöpfer es nachtaten, aus Feuer, Wasser, Luft und Erde bestehende Teilchen des Weltganzen zusammen, die sie diesem, um dereinst zurückgegeben zu werden, entlehnten, sie verknüpfend nicht durch die unauflösbaren Bande, welche sie selbst umschlangen, sondern indem sie dieselben durch zahlreiche, ihrer Kleinheit wegen unsichtbare Stiftchen zusammennieteten und alle zu *einem* Körper gestalteten, fesselten sie die Kreisläufe der unsterblichen Seele an einen dem Ab- und Zufluss unterworfenen Körper. Diese Kreisläufe aber, an einen mächtigen Strom gefesselt, behaupteten weder die Herrschaft über denselben, noch gehorchten sie ihm, sie ließen sich gewaltsam mit fortreißen und rissen mit sich fort, so dass das ganze lebende Wesen in Bewegung geriet und ordnungs- und vernunftlos, vom Zufall geleitet, nach den sechs Bewegungsarten fortschritt. Es bewegte sich nämlich vor- und rückwärts, dann wieder rechts und links, nach oben und nach unten, allerwärtshin nach diesen sechs Richtungen umherschweifend. Obgleich nämlich das Zuströmen und Abfließen der die Ernährung schaffenden Wogen groß war, verursachten dennoch noch größere Beunruhigung die Einwirkungen der auf jegliches eindringenden Dinge, wenn ein Körper von außen her mit fremdem Feuer in zufällige Berührung kam oder auch mit dem Festen der Erde und dem Dahingleiten des Wassers oder vom Sturme der Luftströmungen ergriffen wurde, und wenn die durch das alles erregten Bewegungen vermittels des Körpers auf die Seele einwirkten, welche deshalb auch Sinneseindrücke genannt wurden und noch jetzt so genannt werden. Insbesondere aber hemmten sie auch damals für den Augenblick, indem sie eine sehr häufige und starke Bewegung bewirkten und vermittels des ununterbrochen dahinströmenden Flusses die Umläufe der Seele anregten und heftig erschütterten, völlig den Umlauf des Selben, dem sie entgegenströmten, und hinderten seine Herrschaft und sein Fortschreiten, den des Verschiedenen aber störten sie, und trieben so die beiderseitigen dreifachen Abstände des Doppelten und Dreifachen sowie die Vermittlungen und Verknüpfungen des Anderthalbmaligen, Vierdrittel- und Neunachtelmaligen, da dieselben, es sei denn durch den, welcher sie knüpfte, durchaus nicht auflösbar waren, zu allen Wendungen, und erzeugten alle irgend möglichen Spaltungen und Abweichungen der Kreisbewegungen in solcher Weise, dass diese, kaum in einigem Zusammenhang miteinander stehend, zwar fortschritten, aber, der Vernunft zuwider, bald in entgegengesetzter, bald in schiefer, bald in umgekehrter Richtung fortschritten; gleichwie, wenn jemand den Kopf gegen den Boden stemmt und die Füße nach irgendeiner Richtung emporreckt, sowohl der in solchem Zustande sich Befindende als die Zuschauenden beide sich einbilden werden, was dem andern zur Rechten ist, sei ihm zur Linken und umgekehrt. Indem die Umschwünge dasselbe und dem Ähnliches in hohem Grade erfahren, wenn sie von außen gerade auf etwas von der Gattung des Selben oder des Verschiedenen stoßen, gestalten sie sich irrtümlich und unverständig, insofern sie das einem Gegenstand Selbe und das von einem Verschiedene mit dem dem Wahren entgegengesetzten Namen bezeichnen, und dann ist in ihnen kein Umlauf vorherrschend oder leitend; wenn aber gewisse von außen her andringende und auf sie einwirkende Sinneseindrücke sie und der Seele ganzen Umfang mit sich fortrissen, dann scheinen sie, obgleich bewältigt, die herrschenden, und die Seele wird dann zufolge aller dieser Einwirkungen, jetzt wie anfangs, wenn sie in die Bande des sterblichen Leibes gelegt wird, zuerst unverständig; dringt aber der Wogendrang des Wachstums und der Ernährung schwächer an und verfolgen die Umläufe, indem sie die Wogen besänftigt finden, die ihnen eigentümliche Bahn und gewinnen mit fortschreitender Zeit mehr Festigkeit, dann werden die Umschwünge, da die einzelnen Kreise ihrer Natur gemäß sich gestalten, geordneter und geben bei richtiger Anrede des Verschiedenen und des Selben dem, der dahin gedieh und zur Weisheit gelangte, die Vollendung. Wird das nun auch noch durch die Nahrung richtiger Unterweisung unterstützt, dann wird der dahin Gelangte, dem größten Siechtum entgangen, zu einem Makellosen und durch und durch Gesunden; wer es aber vernachlässigt, der kehrt, nachdem er hinkend des Lebens Bahn durchschritt, unvollkommen und unverständig wieder zum Hades zurück; doch das begibt sich später einmal. Genauer aber müssen wir das jetzt Vorliegende besprechen und was ihm vorausgeht, die Entstehung der Körper ihren Teilen nach sowie der Seele, welche Beweggründe und welche Fürsorge der Götter sie ins Dasein riefen; das müssen wir, indem wir auch hierin den durch das Wahrscheinliche vorgezeichneten Weg einschlagen, vollständig erörtern.

## 16. Bildung des Kopfes und der Glieder. Das Auge: Erklärung des Sehens und seines eigentlichen Nutzens. Stimme und Gehör

Um die runde Gestalt des Weltganzen nachzubilden, knüpften sie die beiden göttlichen Umläufe an einen kugeligen Körper, denselben, den wir jetzt Kopf nennen, das Gottähnlichste und über alles in uns Gebietende. Ihm übergaben die Götter, eine Dienerschaft um ihn her versammelnd, den ganzen Körper, indem sie erkannten, dass er an allen Bewegungen, welche stattfinden würden, teilnehmen werde. Damit er nun nicht, rollte er auf dem Boden umher, der mancherlei Höhen und Tiefen hat, unvermögend sei, die einen zu übersteigen und aus den anderen heraufzukommen, verliehen sie ihm dieses Gefährt und diese Wegerleichterung. Darum dehnte sich der Körper in die Länge und ließ, indem der Gott auf Gehwerkzeuge für ihn bedacht war, vier ausgestreckte und biegsame Glieder aus sich hervorwachsen; mit ihnen sich festhaltend und auf sie sich stützend, ward er in den Stand gesetzt, allerwärts hinzugehen, indem er den Aufenthaltsort des Heiligsten und Göttlichsten über uns trägt. In solcher Weise und aus diesen Gründen wuchsen an allen Hände und Füße; weil aber die Götter den Vorderteil unseres Körpers für vorzüglicher und zur Herrschaft geeigneter hielten als den Hinterteil, verliehen sie uns das Gehen vorzüglich nach jener Richtung hin. Der Vorderteil musste also von dem übrigen Körper geschieden und von demselben verschieden sein. Darum fügten sie zuerst an des Kopfes Wölbung, indem sie dort das Antlitz anbrachten, alle der Fürsorge der Seele dienstbaren Werkzeuge und ordneten an, dass dieses, das seiner Natur nach vorwärts Gekehrte, an der Herrschaft teilhaben solle.

Unter den Sinneswerkzeugen bildeten sie zuerst die lichtvollen Augen, die sie aus folgendem Grunde hier befestigten. Soviel von dem Feuer die Eigenschaft des Brennens nicht besitzt, wohl aber die Erzeugung des milden Lichts, davon bewirkten sie, dass es der eigentümliche Körper jeden Tages wurde. Sie machten nämlich, dass das in uns befindliche, diesem verwandte unvermischte Feuer durch die Augen hervorströme, und glätteten und verdichteten den ganzen Augapfel, vorzüglich, aber dessen Mitte, damit er dem übrigen, gröberen Feuer durchaus den Durchgang wehre und nur dem reinen läuternd ihn gestatte. Umgibt nun des Tages Helle das den Augen Entströmende, dann vereinigt sich dem Ähnlichen das hervorströmende Ähnliche und bildet in der geraden Richtung der Sehkraft aus Verwandtem da *ein* Ganzes, wo das von innen Herausdringende dem sich entgegenstellt, was von außen her mit ihm zusammentrifft. Nachdem nun alles vermöge seiner Ähnlichkeit zu einem ähnlichen Zustande gelangte, verbreitet es die Bewegungen desjenigen, womit es und was mit ihm in Berührung kommt, durch den ganzen Körper bis zur Seele und erzeugt diejenige Sinneswahrnehmung, die wir das Sehen nennen. Schwand aber das ihm verwandte Feuer zur Nacht, dann ist es von ihm abgeschnitten; denn zu etwas ihm Unähnlichem herausdringend, erfährt es selbst eine Veränderung und erlischt, indem es nicht mehr mit der kein Feuer mehr enthaltenden benachbarten Luft in eins verschmilzt. So hört es auf zu sehen und wird außerdem zu einem den Schlaf Herbeiführenden. Denn wenn dasjenige, dessen Bau die Götter zum Schutze der Augen ersannen, wenn die Augenlider sich schließen, dann hemmt das die Wirksamkeit des inneren Feuers; diese aber verschmilzt und beschwichtigt die inneren Bewegungen, durch diese Beschwichtigung aber erfolgt Ruhe. Wird diese Ruhe zu einer tiefen, dann tritt der Schlaf mit leichten Träumen ein; bleiben aber einige stärkere Bewegungen zurück, dann erzeugen sie, je nachdem, wie beschaffen sie sind und an welchen Stellen sie zurückblieben, ihrer Anzahl nach gleich zahlreiche und gleichmäßig beschaffene, ihnen entsprechende Bilder im Innern, die dem Erwachten als außen im Gedächtnis bleiben. Nun ist es auch nicht mehr schwer, alles das zu begreifen, was auf die Bilderzeugung in den Spiegeln und allem Glatten und Glänzenden sich bezieht; denn aus der gegenseitigen Vereinigung des inneren und äußeren Feuers und indem ferner beides stets an der glatten Fläche zu *einem* und vielfach gebrochen wird, erfolgen notwendig diese Erscheinungen, da das vom Gegenstande ausgehende Feuer mit dem des Sehstrahls an der Fläche des Glänzenden und Glatten sich vermischt. Es erscheint aber das links Befindliche rechts, weil, im Widerspruch mit der gewöhnlichen Art des Zusammentreffens, entgegengesetzte Teile des Sehstrahls mit ihnen entgegengesetzten sich berühren. Dagegen erscheint das Rechte zur Rechten und das Linke zur Linken, wenn das sich mischende Licht mit dem seine Stelle wechselt, mit welchem es sich mischt; das geschieht aber, wenn die glatte Spiegelfläche, indem sie hier und dort sich erhebt, die rechte Seite des Sehstrahls nach der linken, die andere aber nach der andern Seite zurückwirft. Der dem Gesichte seiner Länge nach zugewendete selbe Spiegel aber lässt alles als durchaus rückwärts liegend erscheinen, indem er das Unten des Strahles nach oben und umgekehrt das Oben nach unten zurückwendet.

Das insgesamt nun gehört zu den Mitursachen, deren sich Gott als Hilfsmittel bedient, die Idee des Besten zur möglichsten Vollendung zu bringen. Von den meisten wird aber das Erwärmende und das Erkältende, das Verdichtende und das Auflösende und alles dem Ähnliches Bewirkende nicht als Mitursache, sondern als die Ursache von allem angesehen. Dieses aber kann weder einen Sinn noch Vernunft zu irgend etwas an sich haben; wir müssen vielmehr dasjenige, dem allein unter dem Seienden Vernunft zu besitzen zukommt, Seele nennen. Sie jedoch ist ein Unsichtbares, während Feuer, Wasser, Luft und Erde sichtbare Körper sind. Wer aber nach Vernunft und Erkenntnis strebt, der muss notwendig als ersten den der verständigen Natur angehörenden Ursachen nachjagen; welche dagegen zu denen gehören, die von andern in Bewegung gesetzt werden und aus Notwendigkeit anderes in Bewegung setzen, denen als zweiten. So demnach müssen auch wir verfahren: Wir müssen beide Gattungen von Ursachen angeben, doch diejenigen, welche mit Vernunft Urheber des Schönen und Guten sind, von denjenigen unterscheiden, welche stets ohne Überlegung und regellos das Zufällige bewirken.

Soviel mag über die Mitursachen genügen, vermöge welcher die Augen die Kraft besitzen, die ihnen jetzt zuteil geworden. Nun müssen wir aber ferner des größten Nutzens derselben gedenken, wegen dessen Gott uns dieses Geschenk verlieh. Meiner Ansicht nach ist die Sehkraft uns die Ursache des größten Gewinns, da ja wohl von den jetzt über das Weltganze angestellten Betrachtungen keine stattgefunden hätte, wenn wir weder die Sonne, noch die Sterne noch den Himmel erblickten. Nun aber haben der Anblick von Tag und Nacht, der der Monate und der Jahre Kreislauf die Zahl erzeugt und den Begriff der Zeit sowie die Untersuchungen über die Natur des Alls uns übermittelt. Und hieraus haben wir uns verschafft das Wesen Philosophie, als welches ein größeres Gut weder kam noch jemals kommen wird dem sterblichen Geschlecht als Geschenk von den Göttern. Das erkläre ich für den größten Vorzug des Gesichts. Warum sollten wir aber der übrigen, die von geringerer Bedeutung sind, rühmend gedenken, welche der Nichtphilosoph, würde er blind, ? Sondern davon, so werde von uns behauptet, sei dies die Ursache zu folgendem Zweck: Gott habe das Sehvermögen uns ersonnen und verliehen, damit wir beim Erschauen der Kreisläufe der Vernunft am Himmel sie für die Umschwünge unserer eigenen Denkkraft benutzten, welche jenen, die regellosen den geregelten, verwandt sind, und, nachdem wir sie begriffen und zur naturgemäßen Richtigkeit unseres Nachdenkens gelangten, durch Nachahmung der durchaus von allem Abschweifen freien Bahnen Gottes unsere eigenen, dem Abschweifen unterworfenen danach ordnen möchten.

Von der Stimme und dem Gehör gilt wieder dasselbe, dass dieses Geschenk eben deshalb und zu demselben Zwecke uns von den Göttern verliehen sei; denn die Rede hat denselben Zweck und trägt das meiste zu dessen Erreichung bei. Soviel aber von der Musenkunst der Stimme nützlich ist, das wurde zum Hören des Einklangs wegen geschenkt, und der Einklang, welcher den Bewegungen unserer Seele verwandte Schwingungen in sich schließt, ist demjenigen, welcher vernünftig und nicht zu zweckloser Lust, welche jetzt für den damit verbundenen Gewinn gilt, sich den Musen hingibt, von ihnen zum Beistande verliehen, den in uns entstandenen ungeregelten Umlauf der Seele zu ordnen und mit sich selbst in Einklang zu bringen. Ebenso verliehen uns dieselben auch das Taktmaß, damit es die in uns in den meisten Fällen stattfindende maßlose und anmutleere Gemütsstimmung ordnen und bekämpfen helfe.

## 17. Übergang zu einem neuen Anfang: Das Entstehen durch Notwendigkeit

Das bis hierher Vorgetragene nun hat mit wenigen Ausnahmen das durch die Vernunft Erzeugte nachgewiesen; wir müssen aber auch in unserer Rede das durch Notwendigkeit Entstehende hinzusetzen. Denn das Werden dieser Weltordnung wurde als ein gemischtes aus einer Vereinigung der Notwendigkeit und der Vernunft erzeugt. Indem aber die Vernunft der Notwendigkeit dadurch gebot, dass sie dieselbe vermochte, das meiste des im Entstehen Begriffenen dem Besten entgegenzuführen: auf diese Weise und demgemäß, durch Notwendigkeit, unterworfen von besonnener Überredung, so trat am Anfang dieses Weltganze zusammen. Will nun jemand wahrhaft erklären, wie es in solcher Weise entstand, dann muss er auch die Art der umgetriebenen Ursache hineinmischen, in welcher Weise sie ihrer Natur nach bewegt. So müssen wir also wieder zurückgehen und, indem wir wieder auch bei diesem, wie wir beim Vorigen es taten, von einem anderen, demselben angemessenen Anfange ausgehen, auch hier noch einmal vom Anfange an beginnen. Wir müssen die Natur des Feuers und Wassers, der Luft und Erde an sich selbst, vor dem Entstehen des Himmels, und ihre diesem vorausgegangenen Zustände betrachten. Denn bis jetzt hat noch niemand ihr Entstehen kundgetan, sondern als ob man wisse, was doch das Feuer und jedes derselben sei, sprechen wir von ihnen als Ursprüngen, indem wir Grundbestandteile des Weltalls ansetzen, obwohl es nicht angemessen ist, dass selbst der nur wenig Verständige auch nur mit den Gestaltungen der Silben sie treffend vergleiche. Jetzt sei demnach unser Verfahren folgendes: Über den Ursprung von allem oder die Ursprünge, oder wie man es sonst damit hält, zu sprechen, geziemt sich jetzt nicht, aus keinem anderen Grunde, als weil es schwierig ist, unsere Meinung bei der gegenwärtigen Weise der Behandlung deutlich darzulegen. Haltet also weder ihr mich für dazu verpflichtet, noch vermag ich auch selbst die Überzeugung zu gewinnen, dass ich mich wohl mit Fug an ein solches Unternehmen wagen dürfe. Indem ich vielmehr dem anfangs Ausgesprochenen, der Beschränkung auf das Wahrscheinliche in meinen Reden, treu bleibe, will ich versuchen, nicht weniger Wahrscheinliches als irgendeiner, sondern mehr, wie vorher auf den Anfang zurückgehend, von jedem Einzelnen und allen insgesamt aufzustellen. Indem wir aber auch jetzt, beim Wiederbeginn unserer Rede, den Beistand Gottes anrufen, dass er als Retter aus einer seltsamen und ungewohnten Darstellung zur Ansicht des Wahrscheinlichen uns gelangen lasse, wollen wir von neuem unsere Erörterung anheben.

## 18. Die dritte Gattung: Das Worin des Werdens. Bestimmung seiner Art und des Verhältnisses des Seienden und Werdenden zu ihm

Der neue Anfang nun über das All sei mehr als der vorige auseinandergelegt. Denn früher unterschieden wir zwei Gattungen, jetzt aber müssen wir noch eine von diesen verschiedene dritte aufweisen. Reichten doch jene zwei bei der früheren Darstellung aus, die eine als Gattung des Vorbildes zugrunde gelegt, als denkbar und stets in derselben Weise seiend, die zweite aber als Nachbildung des Vorbildes, als Entstehung habend und sichtbar. Eine dritte aber stellten wir früher nicht auf, indem wir meinten, dass die beiden ausreichen würden; doch jetzt scheint die Untersuchung zu dem Versuche uns zu nötigen, eine schwierige und dunkle Gattung durch Reden zu erhellen. Als welche Natur und Kraft besitzend müssen wir sie also annehmen? Vor allem die: dass sie allen Werdens Aufnahme sei wie eine Amme. Was wir eben sagten, ist nun zwar richtig, nur müssen wir uns noch deutlicher darüber erklären. Das ist aber schon in anderer Hinsicht schwer und auch besonders, weil es deshalb nötig wird, vorher über das Feuer und die anderen damit verbundenen Grundstoffe Zweifel zu erheben; denn von jedem derselben zu sagen, als wiebeschaffen es in Wahrheit eher Wasser als Feuer zu nennen ist und als wiebeschaffen eher irgend etwas als alles insgesamt und jedes einzeln, und zwar so, dass man sich eines bestimmten und zuverlässigen Ausdrucks bedient, ist schwierig. Wie sollen wir uns nun eben darüber äußern und in welcher Weise und indem wir was an ihnen angemessen in Zweifel ziehen? Zuerst sehen wir das, was wir eben Wasser nannten, verdichtet zu Steinen, wie wir glauben, und Erde werden, ebendasselbe aber dann wieder, verdünnt und aufgelöst, zu Wind und Luft, die entzündete Luft zu Feuer, dieses zusammengesunken und verlöscht wieder in Luftgestalt übergehend, die Luft aber durch Vereinigung und Verdichtung in Wolken und Nebel, welchen bei noch stärkerem Zusammendrängen Wasser entströmt, das sich wieder zu Steinen und Erde gestaltet; und wir bemerken so, dass sie als Kreis an einander, wie es scheint, das Entstehen übergeben. Da nun so jegliches von diesen nimmer als dasselbe erscheint, von welchem von ihnen möchte dann wohl jemand, ohne vor sich zu erröten, mit Zuversicht behaupten, dass es als irgendetwas seiend dieses und nichts anderes sei? Das kann nicht sein, sondern bei weitem am sichersten ist es, folgendes ansetzend über sie zu reden: Dasjenige, was wir stets bald so, bald anders werden sehen, wie zum Beispiel Feuer, nicht als ein dieses, sondern jeweils als das so beschaffene Feuer anzureden, noch Wasser als ein dieses, sondern immer als das so beschaffene, noch irgend sonst etwas, als ob es eine Beständigkeit habe, soviel wir aufzeigen, indem wir die Ausdrücke *DAS* und *DIESES* gebrauchen und so etwas daran kundzumachen glauben. Denn es entschlüpft uns, ohne die Bezeichnung *DAS* und *DIESES* und *DIESEM* sowie jede, welche es als dauernd darstellt, zu erwarten. Dieses alles darf man vielmehr nicht sagen, sondern das Sobeschaffene, welches bei jedem einzelnen und allen insgesamt ständig als ein Ähnliches umhergetragen wird, ist es am sichersten auch so zu bezeichnen, und also auch Feuer als das fortwährend Sobeschaffene, und alles, dem ein Entstehen zukommt; dasjenige aber, worin jeweils entstehend jedes von ihnen erscheint und woraus es wieder entschwindet, allein jenes müssen wir dagegen bezeichnen, indem wir uns der Ausdrücke *DIESES* und *DAS* dabei bedienen; jedoch das Irgendwiebeschaffene, warm oder weiß oder irgend etwas von dem Entgegengesetzten, und alles daraus Hervorgehende, jenes wiederum dürfen wir mit keinem von diesen Ausdrücken bezeichnen.

Noch einmal aber will ich noch deutlicher mich darüber zu erklären versuchen. Wenn nämlich einer, der alle möglichen Gestaltungen aus Gold bildete, nicht müde würde, jede zu allen anderen umzubilden, jemand aber auf eine derselben hinwies und fragte: Was das doch sei, dann wäre es in Hinsicht auf die Wahrheit bei weitem das sicherste zu sagen: Gold, das Dreieck aber und die anderen Gestaltungen, die darin sich bildeten, diese nimmer als seiend zu bezeichnen, da sie ja während solcher Angabe wechseln, sondern zufrieden zu sein, wenn sie nur das *EINS OBESCHAFFENES* mit Sicherheit von jemand annehmen wollen. Dieselbe Rede gilt nun auch von jener Natur, die alle Körper in sich aufnimmt; diese ist als stets dieselbe zu bezeichnen, denn sie tritt aus ihrem eigenen Wesen durchaus nicht heraus. Nimmt sie doch stets alles in sich auf und hat sich nie und in keiner Weise irgendeinem der Eintretenden ähnlich gestaltet; denn ihrer Natur nach ist sie für alles der Ausprägungsstoff, der durch das Eintretende in Bewegung gesetzt und umgestaltet wird und durch dieses bald so, bald anders erscheint. Das Ein- und Austretende aber sind Nachbilder des ständig Seienden, diesem auf eine schwer auszusprechende, wundersame Weise nachgebildet, der wir in der Folge nachforschen werden.

Im Augenblick aber müssen wir uns drei Gattungen denken: das Werdende, das, worin es wird, und das, woher nachgebildet das Werdende geboren wird. Und wirklich kann man auch in angemessener Weise das Aufnehmende der Mutter, das Woher dem Vater, die zwischen diesen liegende Natur aber dem Geborenen vergleichen und erkennen, dass, da es ein Gepräge werden sollte, an welchem eine bunte Mannigfaltigkeit zu sehen wäre, eben dasjenige, worin herausgeprägt es hineintritt, wohl in keiner anderen Weise dazu wohl vorbereitet sein dürfte, als wenn es gestaltlos aller der Formen entbehrt, welche es in sich aufzunehmen bestimmt ist. Denn wäre es einem der Eintretenden ähnlich, so würde es wohl Formen entgegengesetzter oder durchaus verschiedener Natur, kämen sie heran, bei der Aufnahme schlecht nachbilden, indem es das eigene Aussehen daneben erscheinen ließe. Darum muss auch dem alle Gattungen in sich aufzunehmen Bestimmten alle Gestaltung fremd sein, gleichwie man bei Salben, die man durch Kunst wohlriechend herstellt, zuerst bewirkt, dass dieses da ist, nämlich dass die zur Aufnahme der Gerüche bestimmten Flüssigkeiten soviel wie möglich geruchlos sind. Wer es aber unternimmt, in etwas Weichem Gestalten zu formen, der lässt durchaus keine Gestalt sichtbar bleiben, sondern ebnet vorher den Stoff bis zur möglichsten Glätte. Ebenso ziemt es also auch dem, was da bestimmt ist, immer wieder die Nachbildungen von allem Denkbaren und ständig Seienden über sein ganzes Wesen hin ordentlich aufzunehmen, selbst seiner Natur nach aller Gestaltung bar zu sein. Demnach wollen wir die Mutter und Rufnehmerin alles gewordenen Sichtbaren und durchaus sinnlich Wahrnehmbaren weder Erde, noch Luft, noch Feuer noch Wasser nennen, noch mit dem Namen dessen, was aus diesen und woraus diese entstanden; sondern wenn wir behaupten, es sei ein unsichtbares, gestaltloses, allempfängliches Wesen, auf irgendeine höchst unzugängliche Weise am Denkbaren teilnehmend und äußerst schwierig zu erfassen, so werden wir keine irrige Behauptung aussprechen. Inwieweit wir aber aus dem früher Gesagten an seine Natur zu gelangen vermögen, möchte man sich wohl so am richtigsten darüber ausdrücken: als Feuer erscheine jeweils der zu Feuer, als Wasser der zu Wasser gewordene Teil desselben, als Erde und Luft, soviel es etwa Nachbildungen dieser in sich aufnimmt.

In unserer Rede müssen wir aber genauer Folgendes durch scharfe Abgrenzung darüber in Erwägung ziehen: *Ist* ein Feuer selbst für sich selbst und alles das, wovon wir stets in dieser Weise reden, als selbst gemäß sich selbst jedes seiend, oder *ist* allein das als solche Wahrheit besitzend, was wir sehen und sonst vermittels des Körpers wahrnehmen, und anderes außer diesem ist in keiner Art und Weise, sondern vergeblich behaupten wir jeweils, dass von jeglichem ein denkbares Wesen sei, und waren das nichts als leere Worte? Nun ist es weder angemessen, indem wir die gegenwärtige Frage ununtersucht und unentschieden lassen, mit Bestimmtheit zu behaupten, es verhalte sich so, noch auch der weitschichtigen Untersuchung ein ebenfalls weitschichtiges Beiwerk einzufügen. Wenn sich aber in kurzer Rede eine bedeutende Begrenzung kundgäbe, dann dürfte das wohl das Passendste sein. Ich selbst gebe also meine Stimme folgendermaßen ab: Wenn Einsicht und richtige Meinung zwei verschiedene Gattungen bilden, dann sind auf alle Weise diese gemäß sich selbst als von uns nicht wahrnehmbare Gestaltungen, sondern allein gedachte; unterscheidet sich aber, der Ansicht einiger zufolge, richtige Meinung und Einsicht in nichts, dann müssen wir alles, was wir vermittels des Körpers wahrnehmen, als ganz feststehend ansetzen. Aber jene beiden sind als zwei zu bezeichnen, da sie abgesondert entstanden und von unähnlicher Beschaffenheit sind. Denn das eine erzeugt sich in uns durch Belehrung, das andere durch Überredung; das eine ist stets verbunden mit wahrer Begründung, das andere ist unbegründet; das eine ist durch Überredung nicht zu erschüttern, das andere wechselt durch sie; für des einen teilhaftig muss man jeden Menschen erklären, für teilhaftig der Einsicht aber nur Götter und eine nicht zahlreiche Gattung von Menschen. Da sich das aber so verhält, so müssen wir einräumen, eines sei die gemäß demselben sich verhaltende Gestaltung, unentstanden und unvergänglich, welche weder von anderswoher etwas in sich aufnimmt noch selbst in ein Anderes übergeht, unsichtbar und auch sonst nicht wahrnehmbar, deren Betrachtung der Denkkraft anheim fiel; ein Zweites aber sei das ihm Gleichnamige und Ähnliche, wahrnehmbar, entstanden, stets wechselnd, an einer Stelle entstehend und von da wieder verschwindend, durch mit Sinneswahrnehmung verbundene Meinung erfassbar; eine dritte Gattung sei ferner immer die des Raumes, Vergehen nicht annehmend, allem, dem ein Entstehen zukommt, eine Stelle gewährend, selbst aber ohne Sinneswahrnehmung durch ein gewisses Afterdenken erfassbar, kaum glaubhaft erscheinend. Darauf hinblickend, überlassen wir uns dann Träumereien und behaupten, alles Seiende müsse notwendig an einer Stelle sich befinden und einen Raum einnehmen, dasjenige aber, bei dem das weder auf Erden noch irgendwo am Himmel der Fall sei, das sei nichts. Dieses alles also und anderes diesem Verwandtes auch in Bezug auf die schlaflose und wahrhaft bestehende Natur festsetzend, werden wir auf Grund dieses Träumens unvermögend, wachend das Wahre zu sagen, dass nämlich einem Bilde zwar - da ja nicht einmal das, *an* dem es entstanden ist, ihm selbst zugehört, sondern als einem andern angehörende Erscheinung wird es immer mitgetragen - aus diesem Grunde zukommt, *in* einem anderen zu entstehen, an das Sein sich in gewisser Weise klammernd, oder es ist überhaupt nichts; dass aber dem wirklich Seienden zu Hilfe kommt die in Genauigkeit wahre Rede, dass, solange etwas *dies* als ein anderes ist, *jenes* aber wieder als ein anderes, eins von beiden nicht *in* dem anderen irgendwann *eins* geworden zugleich dasselbe und zwei sein wird.

## 19. Zustand des Raumes und der Grundstoffe vor Erschaffung der Welt

Dies also werde als nach meinem Urteil berechnete Aussage zusammenfassend gegeben: Seiendes, Raum und Werden waren, bevor noch der Himmel entstand, als drei in dreifacher Weise. Die Amme des Werdens aber stelle sich, zu Wasser und Feuer werdend und indem sie die Gestaltungen der Erde und Luft in sich aufnimmt sowie die anderen damit verbundenen Zustände erfährt, als ein allgestaltig Anzuschauendes dar; da sie aber weder mit ähnlichen noch mit im Gleichgewicht stehenden Kräften angefüllt wurde, befindet sich nichts an ihr im Gleichgewicht, sondern als überall ungleichmäßig schwebend wird sie selbst durch jene erschüttert und erschüttert, in Bewegung gesetzt, umgekehrt jene. Die in Bewegung gesetzten Grundstoffe aber zerstreuen sich, von einander geschieden, dahin und dorthin, gleichwie das in Körben und anderen Reinigungsgeräten des Getreides Gerüttelte und Ausgeworfelte, wo das Dichte und Schwere nach einer andern Stelle fällt, an einer anderen aber das Lockere und Leichte sich niederlässt; ebenso wurden damals die vier Gattungen von der Aufnehmenden geschüttelt, die selbst bewegt wurde, wie ein Werkzeug zum Erschüttern, und trennten selbst das Unähnliche am weitesten voneinander und drängten das Ähnlichste am meisten in eins zusammen.

Darum haben auch die verschiedenen Gattungen verschiedene Stellen eingenommen, bevor aus ihnen das Weltganze geordnet hervorging. Ehe das aber geschah, sei alles dies ohne Maß und Verhältnis gewesen; als jedoch Gott das Ganze zu ordnen unternahm, haben sich anfangs Feuer, Wasser, Luft und Erde, die aber bereits gewisse Spuren von sich selbst besaßen, durchaus in einem Zustande befunden, wie er bei allem, über welches kein Gott waltet, sich erwarten lässt. Diese von Natur also Beschaffenen formte zunächst Gott durch Gestaltungen und Zahlen. Dass er aus einem nicht so beschaffenen Zustande auf das möglichst schönste und beste sie zusammenfügte, diese Behauptung stehe uns durchgängig in allem fest. Jetzt aber müssen wir es versuchen, die Anordnung und das Entstehen der einzelnen in ungewöhnlicher Darstellung zu verdeutlichen; da ihr jedoch der durch Unterweisung eröffneten Wege kundig seid, die wir bei Nachweisung unserer Ansichten einzuschlagen genötigt sind, so werdet ihr schon folgen.

## 20. Die Entstehung der vier ursprünglichen Körper aus dem Zusammentreten der zwei schönsten Dreiecke

Dass nun erstens Feuer, Erde, Wasser und Luft Körper sind, das sieht wohl jeder ein; aber jede Gattung von Körpern hat auch Tiefe, und es ist ferner durchaus notwendig, dass die Tiefe das Wesen der Fläche um sich herum hat, die rechtwinklige Fläche aber besteht aus Dreiecken. Alle Dreiecke nun gehen von zweien aus, deren jedes einen rechten und sonst spitze Winkel hat; das eine von beiden hat zu beiden Seiten die Hälfte eines rechten Winkels, der durch gleiche Seiten eingefasst wird, das andere aber ungleiche Teile eines rechten Winkels, der an ungleiche Seiten ausgeteilt ist.

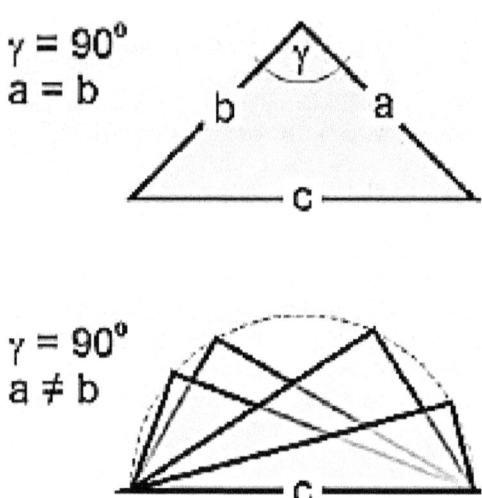

### Zur Bildung der zwei schönsten Dreiecke

Das also nehmen wir, indem wir den Weg, der sich uns als mit Notwendigkeit verbunden und zugleich wahrscheinlich zeigt, einschlagen, als den Anfang des Feuers und der übrigen Körper an; die noch weiter zurückgehenden Anfänge dieser aber kennt nur Gott und wer unter den Menschen sich seiner Huld erfreut. Angeben müssen wir aber, wie wohl die vier schönsten Körper entstanden, unähnlich zwar unter sich, von denen aber manche durch Auflösung aus einander zu entstehen vermögen. Gelang uns das, dann erfassen wir die Wahrheit über das Entstehen der Erde und des Feuers und der ihrem Verhältnisse nach die Mittelstellen einnehmenden; denn das werden wir niemandem einräumen, dass es, wenn jeder von diesen Körpern als eine eigene Gattung besteht, schönere sichtbare gebe als sie. Dahin also müssen wir streben, die durch ihre Schönheit ausgezeichneten vier Gattungen der Körper zusammenzufügen, dann können wir behaupten, dass wir ihre Natur zur Genüge erfassten.

Von den beiden Dreiecken hat nun das gleichschenklige nur *eine* Art, das ungleichseitige aber unzählige. Von diesen zahllosen müssen wir nun ferner das schönste auswählen, wenn wir in folgerechter Weise beginnen wollen. Weiß aber jemand ein für die Zusammensetzung dieser Körper schöneres auszuwählen und anzugeben, den begrüßen wir nicht als Gegner, sondern als einen das Rechte behauptenden Freund. Wir nehmen also, mit Übergehung der übrigen von den vielen Dreiecken *eins* als das schönste an, aus welchem drittens das gleichseitige entstand, weshalb, das erheischt eine ausführlichere Darlegung; der Kampfpreis desjenigen aber, welcher das gründlich widerlegt und entdeckt, dass es nicht so sich verhalte, sei unsere Freundschaft. Zwei Dreiecken sei denn der Vorzug zuerkannt, aus welchen die Körper des Feuers und der übrigen Grundstoffe zusammengefügt sind, dem gleichschenkligen und demjenigen, in welchem stets das Quadrat der größeren Seite das dreifache des der kleineren ist. Aber das früher undeutlich Ausgesprochene müssen wir jetzt genauer bestimmen. Alle vier Gattungen nämlich schienen durch einander hindurch ineinander das Entstehen zu haben, doch dieser Anschein war nicht richtig. Denn aus den Dreiecken, die wir auswählten, entstehen vier Gattungen; drei derselben aus dem einen, welches ungleiche Seiten hat; aber die vierte allein ist aus dem gleichseitigen Dreieck zusammengefügt. Bei allen ist es also nicht möglich, dass durch Auflösung ineinander aus vielen kleinen wenige große und umgekehrt entstehen, bei dreien aber ist es tunlich, denn alle sind aus *einem* entstanden; werden aber die größeren aufgelöst, so werden aus ihnen viele kleine entstehen, indem sie die ihnen zukommenden Gestalten annehmen; wenn dagegen viele kleine nach Dreiecken gesondert werden, dann dürfte *eine* Zahl *eine* andere große Gestaltung eines Umfangs bilden.

Soviel über den Übergang der einen in die andere. Zunächst dürfte wohl zu erklären sein, wie jede einzelne Gattung und aus wie vieler Zahlen Zusammentreffen sie entstand. Den Anfang soll die erste, in ihrer Zusammensetzung kleinste Gestaltung machen; das ihr zugrunde liegende Dreieck ist das, dessen Hypotenuse die kleinere Kathete um das Doppelte übertrifft. Werden je zwei dergleichen mit den Hypotenusen aneinandergelegt und das dreimal wiederholt, indem die Dreiecke mit den Hypotenusen und den kürzeren Katheten in *einem* Punkte zusammentreffen, so entsteht aus der Zahl nach sechs Dreiecken *ein* gleichseitiges.

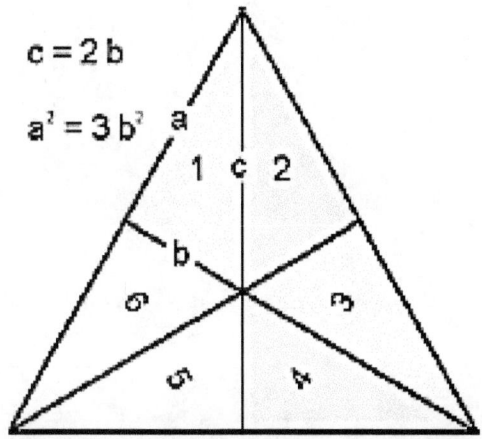

**Bildung eines gleichseitigen Dreiecks**

Vier zusammengefügte, gleichseitige Dreiecke bilden durch je drei ebene Winkel *einen* körperlichen, welcher dem stumpfesten unter den ebenen am nächsten kommt.

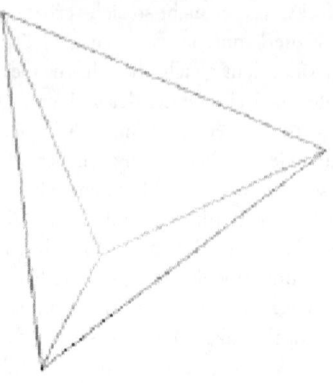

## Bildung des Tetraeders (Feuer)

Durch die Bildung vier solcher Winkel entstand der erste feste Körper, vermittels dessen die ganze [um ihn beschriebene] Kugel in gleiche und ähnliche Teile zerlegbar ist. Der zweite Körper entsteht aus denselben Dreiecken, welche zu acht gleichseitigen sich verbinden und aus vier ebenen *einen* körperlichen Winkel bilden; nachdem aber dergleichen sechs entstanden sind, erhält auch der zweite Körper seine Vollendung.

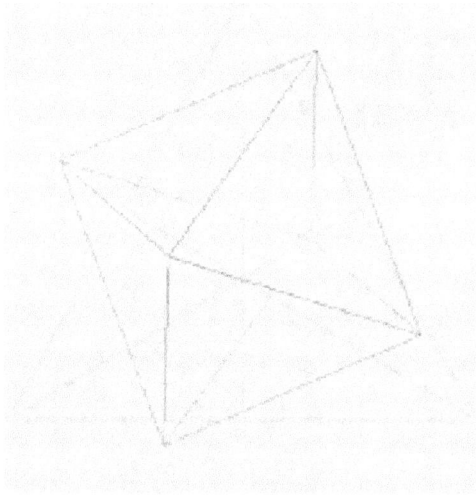

## Bildung des Oktaeders (Luft)

Der dritte entstand aus der Zusammenfügung von zwei mal sechzig Grunddreiecken und zwölf körperlichen Winkeln, deren jeder von fünf gleichseitigen ebenen Dreiecken eingeschlossen ist, während er zwanzig gleichseitige Dreiecke zu Grundflächen hat.

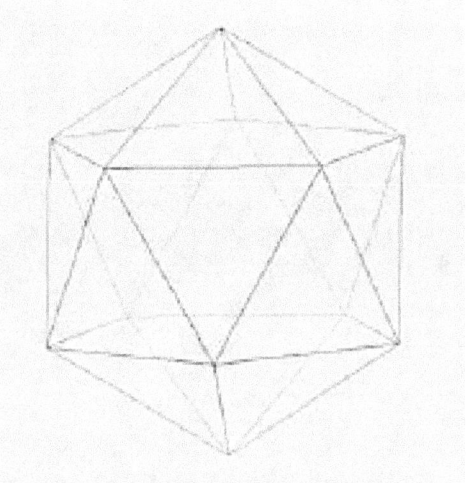

## Bildung des Ikosaeders (Wasser)

Und nach Erzeugung dieser Körper hat das eine der beiden Dreiecke seine Dienste getan, das gleichschenklige aber ließ die Natur des vierten entstehen, indem es, zu vieren sich vereinigend und die rechten Winkel im Mittelpunkt zusammenführend, *ein* gleichseitiges Viereck bildete; sechs dergleichen verbanden sich zu acht körperlichen Winkeln, deren jeden drei rechtwinklige Ebenen einschlossen. Die Gestalt des so entstandenen Körpers ist die des Würfels, der sechs gleichseitige, viereckige Grundflächen hat.

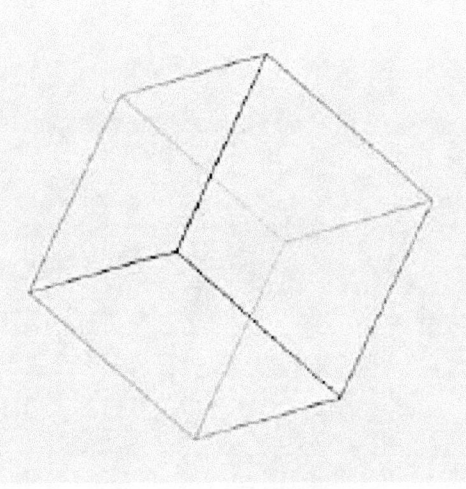

## Bildung des Würfels (Hexaeder – Erde)

Da aber noch *eine,* die fünfte Zusammenfügung übrig war, so benutzte Gott diese für das Weltganze, indem er Figuren darauf anbrachte.

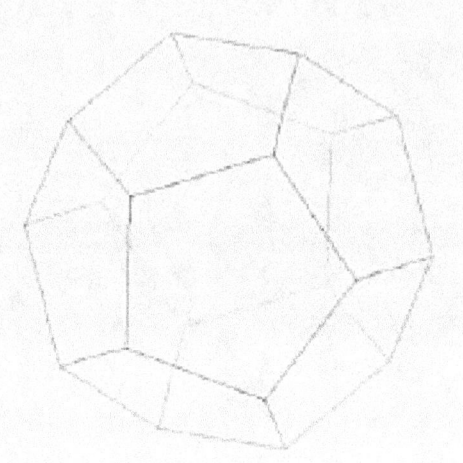

## Bildung des Dodekaeders (Himmel)

## 21. Möglichkeit von fünf Welten? Verteilung der ursprünglichen Körper an die vier Grundstoffe

Sollte nun jemand, wenn er das Alles sorgfältig erwägt, in Zweifel sein, ob man eine unbeschränkte oder beschränkte Zahl von Welten anzunehmen habe, dann würde er wohl die Annahme einer unbeschränkten für die Meinung eines darin, worin keine Beschränkung stattfinden sollte, wirklich beschränkten Geistes ansehen; ob es aber angemessen sei, zu sagen, dass es von Natur in Wahrheit *eine* oder dass es deren *fünf* gebe, das ließe sich von diesem Standpunkte aus mit größerem Fug in Zweifel ziehen. Nach unserer Ansicht stellt es sich heraus, dass sie der Wahrscheinlichkeit zufolge von Natur nur *ein* Gott ist; ein anderer aber wird, indem er auf irgend etwas anderes sein Augenmerk richtet, einer anderen Meinung sein.

Doch ihn müssen wir gehen lassen; jetzt aber wollen wir die unserer Rede zufolge entstandenen Gattungen in Feuer, Erde, Wasser und Luft teilen. Der Erde wollen wir die Würfelgestalt zuweisen, denn die Erde ist von den vier Gattungen die unbeweglichste und unter den Körpern der bildsamste; dazu muss aber notwendig derjenige werden, welcher die festesten Grundflächen hat. Nun ist die aus den anfänglich zugrunde gelegten Dreiecken zusammengefügte Grundfläche ihrer Natur nach bei gleichen Seiten fester als bei ungleichen und die aus beiden zusammengesetzte gleichseitige Fläche notwendig, in ihren Teilen und im ganzen, vierseitig feststehender als dreiseitig. Darum bleiben wir der Annahme des Wahrscheinlichen treu, indem wir das der Erde zuteilen, dem Wasser dagegen die unter den übrigen am mindesten bewegliche Gattung, die beweglichste dem Feuer, die dazwischenliegende der Luft; weiter den kleinsten Körper dem Feuer, den größten dem Wasser, den mittleren der Luft; die schärfste Spitze ferner dem Feuer, die zweite dem Wasser, die dritte der Luft. Bei diesen allen muss also dasjenige, welches die wenigsten Grundflächen hat, von Natur das beweglichste sein, indem es allerwärtshin das schneidendste und schärfste von allen ist sowie auch das leichteste, da es aus den wenigsten gleichförmigen Teilen besteht; das zweite muss in denselben Beziehungen die zweite, das dritte die dritte Stelle einnehmen. Es gelte uns aber, der richtigen sowie auch wahrscheinlichen Ansicht zufolge, der Körper zur Pyramide sich gestaltete, für den Grundbestandteil und den Samen des Feuers; den seinem Entstehen nach zweiten Körper wollen wir für der der Luft, den dritten für den des Wassers erklären. Das alles aber müssen wir so klein denken, dass jedes Einzelne jeder Gattung seiner Kleinheit wegen von uns nicht gesehen wird, sondern dass wir nur die Massen vieler zusammengehäufter erblicken; und so auch, dass Gott allerwärts die Verhältnisse der Mengen, der Bewegungen und übrigen Kräfte, insofern es die Natur der Notwendigkeit willig und gehorsam gestattete – dass er so vollständig alles auf das genaueste ordnete und zu verhältnismäßiger Übereinstimmung führte.

## 22. Der Übergang der Grundstoffe ineinander

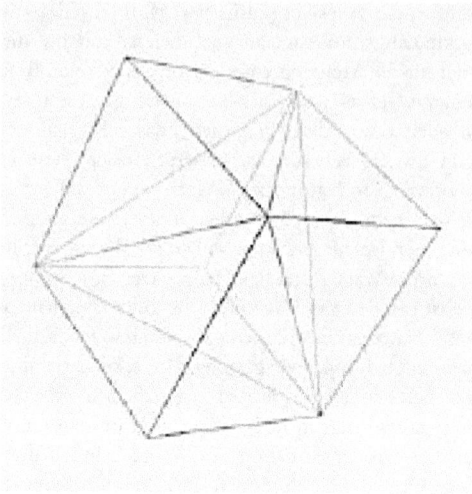

**Feuer und Erde (Tetraeder in Hexaeder)**

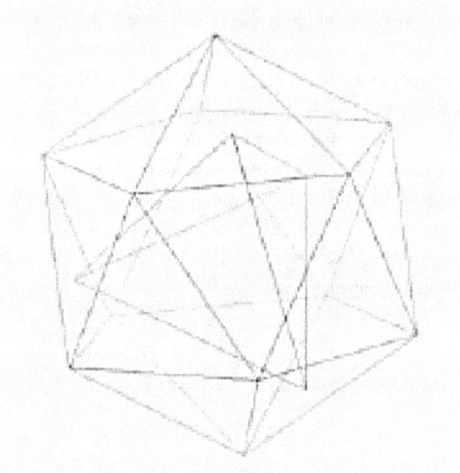

**Feuer und Wasser (Tetraeder in Ikosaeder)**

Nach allem nun, was wir über die Gattungen bereits bemerkt haben, möchte es wohl der Wahrscheinlichkeit nach folgendergestalt sich verhalten. Es dürfte die Erde, trifft sie mit dem Feuer zusammen, durch dessen Schärfe aufgelöst umhergetrieben werden - ob sie nun *im* Feuer selbst aufgelöst wird oder in einer Masse von Luft oder Wasser sich befindet -, bis etwa ihre Teile irgendwo zusammentreffen und wieder unter sich selbst verbunden zur Erde werden; denn in eine andere Gattung dürfte diese wohl nicht übergehen. Das durch das Feuer oder auch die Luft zerteilte Wasser aber kann, wieder vereinigt, zu *einem* feurigen und zwei luftigen Körpern sich gestalten.

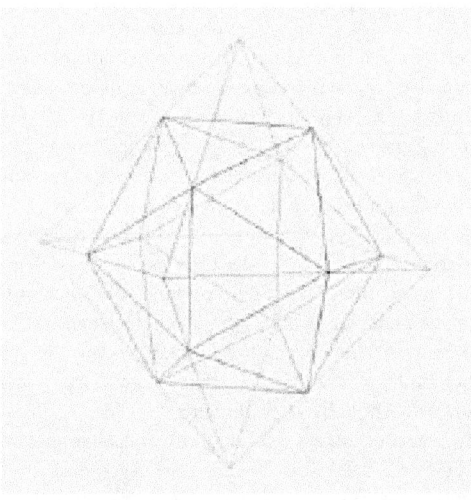

### Luft und Wasser (Ikosaeder in Oktaeder)

Bei der Luftzerteilung ferner dürften wohl aus *einem* aufgelösten Teile zwei feurige Körper sich bilden; und umgekehrt, wenn Feuer, von Luft, Wasser und manchen erdigen Bestandteilen das spärliche von vielen umgeben, von dem Umhergetriebenen in Bewegung gesetzt, gegen sie ankämpfend und unterliegend, zerfliegt, dann vereinigen sich zwei feurige Körper zu *einer* Luftgestalt. Unterliegt aber die Luft und wird sie zersetzt, dann wird aus zwei und einem halben Teile derselben *ein* vollständiger Wasserkörper zusammengepresst.

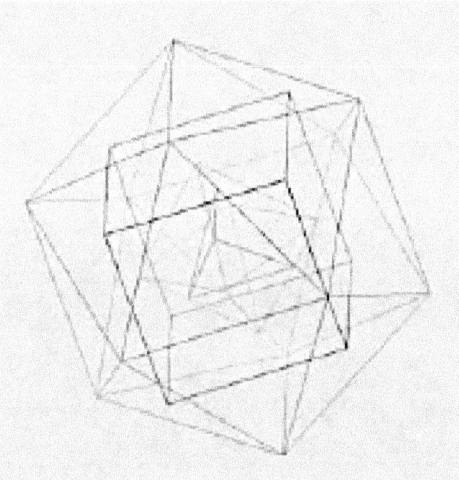

### Feuer, Luft, Wasser, Erde

Wir wollen sie nämlich wiederum folgenden Betrachtungen unterwerfen. Wenn von den anderen Gattungen eine, vom Feuer umgeben, durch die Schärfe der Winkel und Kanten desselben zerschnitten wird, so hört dieses Zerschneiden auf, sobald sie in die Natur des Feuers übergeht;

denn jede ähnliche und sich selbst gleiche Gattung kann weder auf die ihr selbst gleiche und ähnliche einwirken noch von der in solchem Zustande befindlichen etwas erleiden. So lange aber das Schwächere mit dem Stärkeren beim Übergange in ein anderes ringt, hört es nicht auf, sich aufzulösen. Ist dagegen das Kleinere vom Größeren, das Wenige von dem Vielen umgeben und verlischt durch Zersetzung, dann hört es zu verlöschen auf, wenn es mit der Gestalt des überlegenen sich verbinden will, und aus Feuer wird Luft, aus Luft Wasser; geht es aber in diese letzteren über und kämpft gegen dasselbe eine der anderen, mit jener zusammengeratende Gattung, dann lässt es nicht ab sich aufzulösen, bis es entweder völlig ausgestoßen und aufgelöst, zu dem Verwandten sich flüchtet oder bis, besiegt aus Vielem *ein* dem Obsiegenden Ähnliches wird und mit ihm an derselben Stelle verharrt. Bei solchen Einwirkungen nämlich vertauscht gewiss alles seine Stelle; denn die Masse jeder einzelnen Gattung tritt auseinander zu seiner eigenen Stelle vermöge der Bewegung der Aufnehmenden, und das jedes Mal sich selbst unähnlich, anderem aber ähnlich Gewordene wird durch die Erschütterung nach der Stelle desjenigen hingetrieben, dessen Ähnlichkeit es annahm.

Durch solche Vorgänge also erfolgte die Bildung der einfachen und ersten Körper; dass sich aber in ihren Gestaltungen von Natur verschiedene Gattungen herausstellten, davon ist die Ursache auf die Zusammensetzung jeder der beiden Grundformen zurückzuführen, indem anfangs beide Zusammensetzungen nicht bloß ein Dreieck von *einer* Größe erzeugen, sondern größere und kleinere, deren Anzahl den Gattungen gleichkommt, in welche die Gestaltungen zerfallen. Darum ist die Mannigfaltigkeit ihrer Mischungen unter sich und untereinander eine unendliche, welcher diejenigen nachforschen müssen, welche eine wahrscheinliche Darstellung der Natur zu geben beabsichtigen.

## 23. Erklärung der immerwährenden Bewegung der Körper

Verständigt sich also jemand nicht, in welcher Weise und in welchen Verbindungen Bewegung und Stillstand erfolgen, so dürfte das wohl der weiteren Untersuchung vielfach hinderlich sein. Nun wurde darüber bereits einiges gesagt, dem wir noch das hinzufügen, dass bei Gleichartigkeit nimmerdar ein Streben zur Bewegung stattfinde: denn dass ein zu Bewegendes ohne ein Bewegendes da ist oder, ein Bewegendes ohne ein zu Bewegendes, ist schwierig oder vielmehr unmöglich; wo nun diese fehlen, da tritt keine Bewegung ein, dass sie jedoch gleichartig seien, ist nicht möglich. Demnach wollen wir stets den Stillstand der Gleichartigkeit, die Bewegung aber der Ungleichartigkeit zuschreiben. Das Wesen der Ungleichartigkeit hat aber in der Ungleichheit seinen Grund. Die Entstehung der Ungleichheit haben wir bereits entwickelt; doch wie es wohl kommt, dass nicht alle als gänzlich nach Gattungen geschieden aufhören mit der Bewegung durch einander und der Ortsveränderung, das erläuterten wir noch nicht. Darauf also zurückkommend wollen wir das so erklären. Der Umfang des Alls, nachdem er einmal die verschiedenen Gattungen in sich zusammenfasste, drängt, da er kreisförmig ist und von Natur das Bestreben hat, in sich selbst zurückzukehren, alles zusammen und gestattet nicht, dass ein leerer Raum übrig bleibe. Darum durchdringt vor allem das Feuer alles, zweitens die Luft, als das an Feinheit zweite, und das übrige in demselben Verhältnisse; denn das aus den größten Bestandteilen Entstandene lässt bei der Zusammensetzung die größten Zwischenräume, das aus den kleinsten aber die kleinsten. Das verdichtende Zusammentreffen drängt nämlich die kleinen in die Zwischenräume der großen zusammen. Befinden sich nun die kleinen neben den großen und zertrennen die kleineren die größeren, während die größeren jene zusammenbringen, dann wird alles nach hierhin und dorthin, jedes nach seiner Stelle, getrieben; denn die Veränderung der Größe eines jeden hat auch eine Veränderung seiner Stelle zur Folge. So bewirkt demnach die fortwährend bewahrte Erzeugung der Ungleichartigkeit die nie, weder jetzt noch in Zukunft, unterbrochene Bewegung der Körper.

## 24. Arten des Feuers und des Wassers: Das Flüssige und das Geschmolzene. Erklärung des Schmelzens und Erstarrens

Ferner müssen wir erwägen, dass es viele Arten des Feuers gibt, wie zum Beispiel die Flamme und das von der Flamme Ausströmende, welches zwar nicht brennt, aber doch den Augen Helligkeit gewährt, sowie das nach dem Verlöschen der Flamme in den Brennstoffen Zurückbleibende. Ebenso führt die reinste Gattung der Luft den Namen Äther, die getrübteste aber den des Nebels und des Dunkeln; auch andere durch keinen Namen bezeichnete gibt es, vermöge der Ungleichheit der Dreiecke. Der Gattungen des Wassers gibt es zuvörderst zwei, die des Flüssigen und die des Geschmolzenen. Das Flüssige nun, weil es teilhat an den Arten des Wassers, welche ungleich und klein sind, wurde vermöge seiner Ungleichartigkeit und des Wesens seiner Gestaltung in sich und durch anderes beweglich. Das andere dagegen, aus großen und gleichartigen Bestandteilen zusammengesetzt, ist fester als jenes und, wenn seine Gleichartigkeit es erstarren ließ, schwer; hat es aber durch das eindringende und es auflösende Feuer seine Gleichartigkeit verloren, dann wird es der Bewegung teilhaftiger und, als ein Leichtbewegliches, von der es umgebenden Luft zusammengepresst und nach der Erde herabgedrückt; und es bekam die eine Veränderung seines Zustandes, das Auflösen der Masse, den Namen des Schmelzens, die andere dagegen, das Herabrinnen zur Erde, den des Zerfließens. Schwindet aber das Feuer wieder aus demselben, dann drängt die sie umgebende und, weil jenes Feuer nicht in das Leere sich verliert, zusammengedrängte Luft die noch bewegliche flüssige Masse nach dem Sitze des Feuers zusammen und lässt sie mit sich selbst sich vermischen. Nachdem aber die zusammengedrängte Masse, durch das Entschwinden des die Gleichartigkeit aufhebenden Feuers, wieder in die Gleichartigkeit kam, tritt sie in den unter sich gleichförmigen Zustand zurück; und das Entweichen des Feuers bezeichnen wir mit dem Ausdruck des Abkühlens, das Zusammentreten nach dem Entschwinden desselben aber mit dem des Erstarrens. Aus den feinsten und gleichförmigsten Bestandteilen aber bildete sich, durch felsiges Gestein hindurchsickernd und geläutert, die dichteste Masse, eine einförmige, des Glanzes und der gelben Farbe teilhaftige Gattung, das unter allem, was wir geschmolzene Flüssigkeiten nennen, am höchsten geachtete Gold. Ein seiner Dichtigkeit wegen sehr harter Auswuchs des Goldes, von schwarzer Farbe, wird Adamas genannt. Das den Bestandteilen des Goldes nahe Verwandte, aber in mehr als eine Art Zerfallende, an Dichtigkeit das Gold noch Übertreffende, einen geringen und feinen Bestandteil von Erde, der es härter macht, Enthaltende, doch wegen der großen innerhalb desselben befindlichen Zwischenräume Leichtere, zu einer Gattung glänzender und erstarrter Flüssigkeit Zusammengetretene ist das Kupfer; das ihm beigemischte Erdige wird, wenn beide verwittert wieder voneinander scheiden und dasselbe als für sich Bestehendes erscheint, Grünspan genannt.

Nun hält es nicht mehr schwer, auch noch das übrige dahin Einschlagende zu erörtern, wenn man die Art der wahrscheinlichen Darlegung verfolgt. Schafft sich jemand, indem er die Untersuchungen über das ewig Seiende ruhen lässt und, zu seiner Erholung, über das Entstehen dem Wahrscheinlichen nachforscht, ein harmloses Ergötzen, so dürfte das wohl im Leben eine das Maß nicht überschreitende, vernünftige Unterhaltung gewähren. Indem wir diese auch jetzt uns erlauben, wollen wir in folgender Weise das Weitere, was über diese Gegenstände uns wahrscheinlich dünkt, darlegen. Das mit Feuer vermischte Wasser, welches als dünn und flüssig wegen seiner Beweglichkeit und wegen des Flusses, mit dem es über die Erde dahinfließt, flüssig genannt wird sowie weich ist, weil seine Grundflächen, minder fest als die der Erde, nachgeben – dieses, wenn es durch das Ausscheiden des Feuers und die Trennung von der Luft vereinzelt wurde, wird dann gleichförmiger und zugleich durch die ausscheidenden Teile in sich selbst zusammengedrängt und das so Verdichtete, geschieht es über der Erde, gewöhnlich Hagel, auf der Erde Eis, das minder, erst zur Hälfte Verdichtete über der Erde Schnee, auf der Erde, aus Tau entstanden, Reif genannt. Was nun die meisten Arten des Wassers angeht, die miteinander vermischt sind, so wird die ganze Gattung, die durch der Erde entsprossene Gewächse durchgeseiht wird, Säfte genannt. Indem aber, vermöge der Mischungen, unter allen einzelnen eine Verschiedenheit stattfindet, erzeugten sie viele andere, nicht durch besondere Namen unterschiedene Gattungen, von denen jedoch vier, feuriger Natur und am meisten hervorstechend, Namen bekamen. Eins ist der Wein, das so Leib wie Seele Erwärmende; das Glatte, den Strom des Sehens Zerteilende und deshalb hell und glänzend Anzuschauende und fett sich Darstellende, nämlich Pech, Rizinusöl und das Öl selbst und, was sonst dieselbe Kraft besitzt, die ölige Gattung; das aber, was die zusammengezogenen Poren am Mund ausdehnt bis zu ihrem natürlichen Zustand und dadurch Süßigkeit erzeugt, bekam den gemeinsamen Namen Honig; sowie endlich derjenige aus allen Säften getrennte, welcher durch Brennen auf das Fleisch zersetzend wirkt, eine schaumige Gattung, wird Pflanzenmilch genannt.

## 25. Arten der Erde. Aus Erde und Wasser bestehende Stoffe

Was die Arten der Erde angeht, so wird das durch Wasser Hindurchgepresste in folgender Weise ein steiniger Körper. Wenn das beigemischte Wasser in der Mischung zerstiebt, dann nimmt es Luftgestalt an, dringt aber, in Luft verwandelt, zu seiner eigentümlichen Stelle empor. Da jedoch kein luftleerer Raum über ihnen war, drängte sie auf die nächste Luft, diese aber drückte, vermöge ihrer Schwere, fortgestoßen und um die erdige Masse sich ergießend, mächtig auf dieselbe und zwängte sie in die Stellen, aus welchen die neuentstandene Luft sich erhoben hatte. Aber die von der Luft in einem durch Wasser unlösbaren Grade zusammengepresste Erde verbindet sich zum Felsen, und zwar zu schönerem, wenn es durch gleiche und gleichmäßige Teile durchsichtig wird, im entgegengesetzten Falle aber zu unschönerem. Was aber durch des Feuers schnelle Einwirkung aller Feuchtigkeit beraubt und spröder ist als jenes, wird zu der Gattung, welcher wir den Namen des Tons beigelegt haben; bisweilen aber wird die durch Feuer, indem noch Feuchtigkeit zurückblieb, geschmolzene Erde, wenn sie sich abkühlte, zu einem Gestein von schwarzer Farbe. Zwei andere Arten wiederum, in derselben Weise allein zurückgelassen aus einer Mischung von vielem Wasser, aus feineren Teilen der Erde bestehend und salzig, nur mäßig verdichtet und durch Wasser wieder auflösbar, sind einerseits eine Öl und Erde läuternde Gattung, das Laugensalz, andererseits der den Geschmacksverbindungen der Wahrnehmungsorgane des Mundes angenehme, den Göttern, dem herrschenden Brauch zufolge, wohlgefällige Körper des Kochsalzes.

Das aus der Vereinigung beider [der Erde und des Wassers] Bestehende ist durch Wasser nicht auflösbar, wohl aber durch Feuer, und wird aus folgenden Gründen so verdichtet: Massen von Erde schmilzt Feuer und Luft nicht, denn da von Natur ihre Teile kleiner sind als die Zwischenräume dieser Zusammensetzung, so lassen sie diese, denen ohne gewaltsames Hindurchzwängen weite Wege sich öffnen, unaufgelöst und ungeschmolzen; die von Natur größeren Wasserteilchen aber, die den Durchgang sich erzwingen, schmelzen durch Auflösung. So löst also nur das Wasser die nicht mit Gewalt verbundene Erde, die so verbundene aber bloß das Feuer auf; denn nur dem Feuer steht der Zugang offen. Ferner trennen die gewaltsamste Verbindung des Wassers nur das Feuer, die losere aber Feuer und Luft, die eine in den Zwischenräumen, das andere sogar in den Dreiecken; die mit Gewalt zusammengepresste Luft aber löst nichts auf, es sei denn in den Grundbestandteilen, die nicht so zusammengedrückte schmilzt nur das Feuer. Bei den aus Erde und Wasser zusammengesetzten Körpern umströmen, solange etwa dort das Wasser die wenn auch gewaltsam verstopften Zwischenräume der Erde ausfüllt, die von außen her kommenden Wasserteile, welche nicht einzudringen vermögen, die ganze Masse und lassen sie unerweicht; die Feuerteilchen aber, die in die Zwischenräume des Wassers eindringen und, wie das Wasser auf die Erde, ebenso als Feuer auf Wasser einwirken, sind der alleinige Grund, dass die vereinte geschmolzene Masse in Fluss gerät. Von diesen Körpern aber enthalten die einen weniger Wasser als Erde, die ganze glasartige Gattung und was man geschmolzene Steine nennt, die anderen dagegen mehr Wasser, alles nämlich, was zu Wachsartigem und Räucherharz sich verbindet.

## 26. Erklärung der Beschaffenheiten warm und kalt, hart und weich, schwer und leicht, rauh und glatt

So sind nun die durch ihre Formen und durch Verbindungen und Übergänge ineinander sich mannigfaltig darstellenden Gestaltungen bereits so ziemlich nachgewiesen. Aus welchen Ursachen aber ihre Beschaffenheiten hervorgehen, das wollen wir ferner deutlichzumachen versuchen. Zuerst nun muss es Wahrnehmung geben für das, wovon wir jetzt jeweils sprechen. Noch aber haben wir nicht die Entstehung des Fleisches und des damit Zusammenhängenden sowie desjenigen, was an der Seele sterblich ist, erläutert. Es ergibt sich aber als nicht wohl möglich, entweder dieses ohne die mit Wahrnehmung verbundenen Beschaffenheiten oder diese ohne jenes genügend zu erörtern; und beides zugleich ist fast ganz unmöglich. Vorläufig müssen wir also das eine von beidem voraussetzen, und später werden wir dann wieder auf das Vorausgesetzte zurückkommen. Damit nun die Beschaffenheiten nach den Gattungen besprochen werden, sei uns zuerst das auf Leib und Seele Bezügliche vorausgesetzt. Zuerst also wollen wir vermöge folgender Betrachtung erkennen, weshalb wir das Feuer warm nennen, indem wir nämlich die sondernde und durchschneidende Einwirkung desselben auf unsern Körper in Erwägung ziehen; denn dass in dessen Einwirkung etwas Scharfes liegt, das nimmt fast jeder wahr. Wir müssen aber die Schärfe seiner Kanten, das Spitze der Winkel sowie die Winzigkeit seiner Teile und die Schnelligkeit seiner Bewegung in Anschlag bringen, welche Umstände insgesamt bewirken, dass es heftig und scharf alles, worauf es trifft, durchschneidet, und dabei stets an die Entstehung seiner Gestalt uns erinnern, da vorzüglich sie und kein anders Beschaffenes unsern Körper auflöst und in kleine Teile zerlegt und so natürlicherweise den Zustand, den wir jetzt als warm bezeichnen, und diese Benennung desselben erzeugte. Das Gegenteil davon liegt zwar zutage, soll aber dessen ungeachtet von uns nicht unerörtert bleiben. Indem nämlich die den Körper umgebenden Flüssigkeiten, aus größeren Bestandteilen zusammengesetzt, die aus kleineren bestehenden verdrängen, ohne an ihre Stellen eindringen zu können, erstarren sie dadurch, dass sie die Feuchtigkeiten in uns zusammendrängen und sie vermöge ihrer Gleichförmigkeit und durch das Zusammendrängen aus einem Ungleichmäßigen und Bewegten zu einem Unbeweglichen machen; aber das seiner Natur zuwider Zusammengezogene besteht einen Kampf, indem es seiner Natur gemäß sich selbst nach der entgegengesetzten Richtung drängt. Diesem Kampfe und dieser Erschütterung wurde der Name des Erzittern und Frostes beigelegt und dieser Zustand sowie das ihn Bewirkende Kälte genannt.

Hart heißt ferner dasjenige, dem unser Fleisch, weich dagegen, was unserm Fleische nachgibt; und ebenso im Verhältnis zueinander. Das nun gibt nach, was eine kleine Grundfläche hat; aber das auf vierseitigen Grundflächen kräftig sich Bewegende ist die widerstrebendste Gattung und dasjenige, was sonst, zur größten Dichtigkeit sich vereinigend, den stärksten Gegendruck ausübt.

Der Begriff des Schweren und Leichten dürfte wohl am deutlichsten hervortreten, wenn man ihm in Verbindung mit dem, was man oben und unten nennt, nachforscht. Denn es ist keineswegs richtig, anzunehmen, dass es zwei von Natur entgegengesetzte Räume gebe, welche das Weltganze in zwei Teile scheiden, den einen das Unten, nach welchem alles, was irgendeine körperliche Masse hat, hinabfällt, und den andern das Oben, nach welchem alles durch Zwang getrieben werde; denn da der ganze Himmel kugelförmig ist, so wird das, was gleich weit von der Mitte abstehend zu einem Äußersten wird, von Natur gleichmäßig ein Äußerstes sein. Von der Mitte muss man aber annehmen, dass sie als gleichweit abstehend von den Äußersten sich gegenüber von allen befindet. Da nun dieses die natürliche Beschaffenheit des Weltalls ist, was könnte da jemand oben oder unten nennen, ohne mit Recht für einen zu gelten, der sich nicht des richtigen Ausdrucks bedient? Denn von der mittelsten Stelle in demselben kann man nicht mit Recht sagen, dass sie oben oder unten sich befinde, sondern in der Mitte; von dem Umkreis aber weder, dass er die Mitte halte, noch dass von den einzelnen Teilen desselben der eine sich mehr der Mitte zuneige als einer der ihm entgegengesetzten. Welcher einen Gegensatz bildenden Benennungen könnte sich nun wohl jemand in Bezug auf das allerwärtshin Gleichbeschaffene bedienen und in welcher Weise, damit seine Bezeichnung für die richtige gelte? Denn wäre auch in der Mitte des Weltganzen etwas Festes, in der Schwebe sich Befindendes, so würde es wohl, wegen der Gleichmäßigkeit des Umkreises, nach keiner Stelle desselben getrieben werden; sondern es würde jemand, wenn er denselben rings umwandelte, oft, als sein eigener Gegenfüßler, dieselbe Stelle desselben als oben und als unten bezeichnen; da nämlich das All, wie oben bemerkt wurde, kugelförmig ist, so zeugt es nicht von Überlegung, zu sagen, dass in ihm etwas oben, ein anderes unten sei. Woher aber diese Ausdrücke entstanden und wo sich etwas befinde, was uns gewöhnte, auch beim ganzen Himmel von dieser Einteilung zu sprechen, darüber uns zu verständigen, müssen wir es uns so vorstellen. Wenn jemand an einer Stelle des Weltalls sich befände, die vorzüglich, seinem Wesen nach, dem Feuer zugeteilt und wo auch das meiste von dem, wonach es hinstrebt, vereinigt wäre: wenn er auf diese, mit Gewalt über jenes ausgerüstet, sich stellte und dem Feuer entnommene Teile, indem er sie in die Waagschale legte, abwöge, dann den Waagebalken erhöbe und das Feuer mit Gewalt nach der ihm ungleichartigen Luft zöge, dann ist es offenbar, dass er diese Gewalt leichter auf das Kleinere als auf das Größere ausübt; denn es ist notwendig, dass, wenn durch einerlei Kraft zwei Dinge zugleich emporgehoben werden, das Kleinere mehr, das Größere aber minder dem auf es einwirkenden Zuge folge und dass man das Zahlreichere schwer und nach unten, das Mindere leicht und nach oben strebend nenne. Wir müssen aber einsehen, dass wir an unserer Stelle dasselbe tun. Indem wir nämlich auf der Erde einherschreiten, trennen wir voneinander erdige Stoffe und bisweilen Erde selbst und erheben diese mit Gewalt und ihrer Natur entgegen, da beide nach dem Verwandten streben, in die ihnen ungleichmäßige Luft. Dieser Gewalt nach dem Ungleichmäßigen folgt aber leicht und eher das Kleinere als das Größere; darum haben wir jenes leicht genannt, und den Raum, nach dem wir es hinziehen, oben, das diesem Entgegengesetzte dagegen schwer und unten.

Dass nun das selbst unter sich selbst sich verschiedentlich verhalte, ist notwendig, weil von den Massen der verschiedenen Gattungen die eine eine Stelle einnimmt, welche der der anderen entgegengesetzt ist; denn man wird finden, dass das an der einen Stelle Leichte und das an der entgegengesetzten Stelle Leichte sowie das Schwere und Schwere, das Unten und Unten, das Oben und Oben sich untereinander in entgegengesetzter und schräger und durchaus verschiedener Richtung gestalten und verhalten. Das eine aber müssen wir bei diesem allen bedenken, dass die jedem Einzelnen innewohnende Richtung nach dem Verwandten dasselbe zum Schweren und die Stelle, nach der so etwas hinstrebt, zu der unten gelegenen, das in der anderen Weise aber Beschaffene zu dem anderen macht. Soviel genüge über die Gründe dieser Zustände.

Weshalb ferner etwas in einem rauhen oder glatten Zustande sich befinde, das sieht wohl jeder ein und dürfte auch wohl es einem anderen zu erklären imstande sein, denn das eine bewirkt mit Ungleichmäßigem verbundene Härte, das andere das mit Dichtem verknüpfte Gleichmäßige.

## 27. Wahrnehmbare und nicht wahrnehmbare Eindrücke. Die Lust- und Schmerzgefühle

Noch blieb uns bei dem, was wir über die dem ganzen Körper gemeinsamen Eindrücke erörtert haben, als wichtigstes übrig die Ursache des Angenehmen und Schmerzlichen sowie das, was durch Teile unseres Körpers Wahrnehmungen macht und dadurch damit verbundene Lust- und Schmerzgefühle in sich erregt. Suchen wir also die Gründe jedes sinnlich wahrnehmbaren und nicht wahrnehmbaren Eindrucks zu erfassen, indem wir der im vorigen gemachten Einteilung des seiner Natur nach schwer und leicht Beweglichen uns erinnern; müssen wir ja doch in dieser Weise allem, was wir zu erfassen gedenken, nachjagen. Denn das von Natur Leichtbewegliche verteilt, wenn auch nur von einem schnell vorübergehenden Eindrucke berührt, ringsum andere, dasselbe an anderen bewirkende Teilchen, bis es, zum Denken gelangt, diesem von der Kraft des Bewirkenden Kunde gibt. Das Entgegengesetzte aber verhält sich, als ein Ruhendes, bloß leidend, ohne im Umkreise sich zu verbreiten, und setzt von dem ihm Nächsten nichts in Bewegung, so dass, indem die einen Teilchen nichts unter die andern verbreiten, der erste Eindruck nicht erregend auf das ganze lebende Geschöpf wirkt und das Erleidende nicht wahrnehmend macht. Das findet vorzüglich in Bezug auf Knochen und Haare und was wir sonst an größtenteils erdigen Teilchen an uns haben, statt; das vorher Erwähnte dagegen gilt vornehmlich von dem auf Gesicht und Gehör Bezüglichen, weil hier Luft und Feuer sich am wirksamsten zeigen.

Über Lust- und Schmerzgefühle aber müssen wir uns folgende Vorstellung machen. Der Eindruck, der auf uns mit einem Male in widernatürlicher und gewaltsamer Weise gemacht wird, ist schmerzlich, aber das mit einem Male erfolgende Zurückkehren in den natürlichen Zustand angenehm. Das ruhig und nach und nach Erfolgende ist nicht wahrnehmbar, im umgekehrten Falle verhält es sich umgekehrt. Alles mit Leichtigkeit Erfolgende ist zwar vor allem wahrnehmbar, erzeugt aber weder Lust- noch Schmerzgefühle, wie die Vorgänge beim Sehen selbst, von welchen im vorigen gesagt wurde, dass sie am Tage zu einem eng mit uns verbundenen Körper werden; denn dem Sehstrahl verursacht ein Einschneiden, ein Brennen und was ihm sonst widerfährt, keinen Schmerz, so wenig wie die Rückkehr in den vorigen Zustand Lust; desgleichen auch nicht die stärksten und lebhaftesten Eindrücke, insofern sie auf dasselbe gemacht werden und es selbst, irgendwohin sich richtend, sie sich erzeugt, denn etwas Gewaltsames findet beim Ausdehnen und Zusammenziehen desselben durchaus nicht statt.

Die aus größeren Bestandteilen bestehenden Teile des Körpers dagegen, welche dem auf sie Einwirkenden kaum nachgeben, aber ihre Bewegungen dem Ganzen mitteilen, empfinden Lust und Schmerz; Schmerz, in einen anderen Zustand versetzt, in den vorigen zurückkehrend, Lust. Was aber Abgang und Entleerung nach und nach erfährt, den Ersatz dafür aber mit einem Male und im großen, das verursacht, da es die Entleerung nicht wahrzunehmen vermag, wohl aber den Ersatz, dem sterblichen Teil der Seele keinen Schmerz, sondern die größte Lust; das gibt sich in den Wohlgerüchen kund. Wessen Zustand dagegen mit einem Male verändert wird, aber nur nach und nach und mühsam in den ihm eigentümlichen zurückkehrt, das bewirkt in allem das dem Vorigen Entgegengesetzte; das beim Brennen und Schneiden des Körpers Erfolgende macht das offenbar.

## 28. Die Entstehung der Geschmacksempfindungen: scharf und herb, ätzend und salzig, sauer und süß

So sind denn so ziemlich die dem ganzen Körper gemeinsamen Zustände und die dem sie Bewirkenden beigelegten Benennungen aufgezählt. Nun müssen wir, sind wir irgendwie dazu imstande, versuchen, das in einzelnen Teilen unseres Körpers Erfolgende und, welchen Ursachen auf Seiten des Bewirkenden es zuzuschreiben sei, zu erörtern. Zuerst müssen wir also, so gut wir es vermögen, das erläutern, was wir, als wir im vorigen über die Säfte sprachen, übergingen, die der Zunge eigentümlichen Veränderungen. Offenbar erfolgen auch diese, wie so vieles, durch gewisse Zusammenziehungen und Ausdehnungen und werden außerdem mehr als andere durch Rauhigkeit und Glätte bedingt. Denn was an erdigen Teilen auf die Blutäderchen, die, wie Prüfungsmittel der Zunge, nach dem Herzen sich erstrecken, eindringt und auf die saftigen und zarten Teile des Fleisches gerät und was, wenn es sich auflöst, die Blutäderchen zusammenzieht und austrocknet, das erscheint, wenn rauher, als scharf, minder rauh aber als herb. Alles ferner, was von diesen Teilen eine die ganze Zunge reinigende und abspülende Kraft besitzt, wird, wenn es über das rechte Maß hinaus das bewirkt und dazu die Zunge so angreift, dass es sogar, wie die Kraft der Laugensalze, ihre natürliche Beschaffenheit zerbeizt, das alles wird dann ätzend genannt. Was aber der Wirksamkeit des Laugensalzigen nachsteht und in mäßigem Grade die Zunge reinigt, das stellt sich uns als das nicht mit rauher Bitterkeit verbundene und uns angenehme Salzige dar. Was ferner die Wärme des Mundes teilt und, durch sie gemildert, dazu beiträgt, als selbst feurig Gewordenes das es Erwärmende wieder zu erhitzen, was seiner Leichtigkeit wegen zu den Sinneswerkzeugen des Kopfes aufsteigt und alles, worauf es trifft, zerteilt, alles Derartige wurde wegen dieser Wirkungen durchdringend genannt. Was wiederum vorher durch Fäulnis verdünnt wurde und in die engen Blutgefäße eindringt, im Verhältnis stehend sowohl zu den dort befindlichen erdigen Teilchen als auch zu denen der Luft, so dass es diese in Bewegung setzt und umeinander aufrührt, die Aufgerührten aber umherfallen und, indem sie in andere eindringen, neue Höhlungen bewirken, die sich um die Eindringenden herumspannen - während aber die hohle, bald mit Erdartigem vermischte, bald reine Feuchtigkeit um die Luft sich ausspannt, wird sie zu feuchten Luftbehältern, zu hohlen, kugeligen Wassertropfen, von welchen die aus reiner Feuchtigkeit, welche durchsichtig die Luft umschließen, Blasen, die aber aus erdiger, dabei in Bewegung geratender und sich erhebender gebildet sind, Schäumendes und Gärendes genannt werden -, das diese Vorgänge Bewirkende also führt den Namen des Sauren.

Eine allem hierüber Erwähnten insgesamt entgegengesetzte Empfindung geht von einer entgegengesetzten Ursache aus. Wenn das der Beschaffenheit der Zunge angemessene Zusammentreten des Eindringenden im Feuchten gleich einer Salbe die Unebenheiten ausgleicht und das der Natur widerstrebende Zusammengetretene und Zerflossene, dieses vereinigt, jenes erweicht und möglichst alles in den naturgemäßen Zustand versetzt, dann wird jede solche jedem angenehme Heilung gewaltsamer Erregungen süß genannt.

## 29. Geruchswahrnehmung und Gehör

Solche Beschaffenheit hat es mit diesen Sinneswahrnehmungen; aber bei dem den Nüstern verliehenen Vermögen finden keine Gattungen statt, denn alles auf den Geruch Bezügliche ist nur halb gestaltet, und für keine Art von Körpern gibt es ein seinen Geruch bestimmendes Verhältnis, sondern unsere dafür empfänglichen Blutgefäße sind für die Gattungen der Erde und des Wassers zu eng und für die der Luft und des Feuers zu weit; niemand verspürt daher von diesen irgendeinen Geruch, sondern der entsteht, indem gewisse Bestandteile angefeuchtet, durch Fäulnis aufgelöst oder geschmolzen werden oder auch verdampfen; denn indem das Wasser in Luft, die Luft in Wasser übergeht, entstehen sie während dieses Übergangs, und Gerüche sind ein Rauch oder Nebel. Aber der Nebel bildet den Übergang von Luft in Wasser, den des Wassers in Luft aber der Rauch; daher ist alles auf den Geruch Wirkende feiner als Wasser und dichter als Luft. Das zeigt sich, wenn jemand, während ihm das Einatmen gehemmt ist, die Luft gewaltsam in sich zieht, denn dann dringt kein Geruch mit ein, sondern dem Einziehen folgt nur die ihres Geruchs beraubte Luft. Deshalb gibt es hier nur die beiden durch keinen Namen bezeichneten Verschiedenheiten, die nicht aus vielfältigen einfachen Gattungen bestehen, sondern hier ist offenbar nur von dem Zwiefachen, dem Angenehmen und dem Widrigen, die Rede, von denen dieses die gesamten Räume unseres Körpers, vom Wirbel bis zum Nabel herab, belästigt und bedrängt, jenes dagegen dieselben wieder beruhigt und auf eine anmutige Weise in ihren natürlichen Zustand zurückversetzt.

Indem wir ferner die dritte Gattung unserer Sinneswahrnehmungen, die auf das Gehör bezüglichen, betrachten, müssen wir die Ursachen der auf dasselbe sich beziehenden Vorgänge angeben. Überhaupt wollen wir also als Ton den durch die Ohren hindurch vermittels der Luft, des Gehirns und des Blutes bis zur Seele sich verbreitenden Stoß, als Hören aber die dadurch erfolgende Bewegung bestimmen, welche vom Kopfe beginnt und in der Gegend der Leber aufhört; den raschen Ton bezeichnen wir als hohen, den langsameren als tiefen, den gleichförmigen als mild und glatt, den ihm entgengesetzten als rauh, den mächtigen als laut, sein Gegenteil als leise. Über ihr Zusammenstimmen können wir jedoch erst in dem später zu Erörternden uns verbreiten.

## 30. Die Gesichtswahrnehmung. Erklärung der Farben

Noch ist uns die vierte Gattung der Sinneswahrnehmungen übrig, welche uns einzuteilen obliegt, da sie viele Verschiedenheiten in sich enthält, die wir insgesamt Farben nannten, eine jeglichem Körper entströmende Flamme, welche, behufs der Wahrnehmung, dem Sehstrahl angemessene Teilchen umfasst. Von dem Sehstrahl aber wurde wiederum schon im vorigen das berichtet, was die Ursachen seines Entstehens angeht. Nun dürfte es sich aber wohl geziemen, folgendergestalt das am meisten Wahrscheinliche über die Farben zu entwickeln: Es seien die von den Gegenständen ausgehenden und auf den Sehstrahl fallenden Teilchen teils kleiner, teils größer, teils ebenso groß wie die des Sehstrahls selbst. Nun seien die ebenso großen, die wir auch durchsichtig nennen, nicht wahrnehmbar, von den größeren oder kleineren aber wirken jene zusammenziehend auf den Strahl, diese erweiternd; ihre Einwirkung aber sei der des Warmen und Kalten auf den Körper und des Scharfen und Erhitzenden, was wir durchdringend nannten, an der Zunge verwandt, und das Weiße und Schwarze seien die von jenen stammenden Zustände, ihrer Entstehung nach in einer anderen Gattung dieselben, ihrer Erscheinung nach aber anders aus eben diesen Gründen. Wir müssen sie daher durch folgende Benennungen bezeichnen: Das den Sehstrahl Erweiternde ist das Weiße, sein Gegenteil das Schwarze. Die raschere, von einem verschiedenartigen Feuer stammende Bewegung aber, die auf den Sehstrahl andringt ihn bis zum Auge hin erweitert und dann gewaltsam durch die Durchgänge des Auges sich hindurchdrängt, sie auflöst und eine Vereinigung von Wasser und Feuer, die wir Tränen nennen, dem Auge entquellen lässt, an sich selbst aber ein von der entgegengesetzten Seite ihr entgegenkommendes Feuer ist, und während das eine Feuer, wie das des Blitzstrahls, hervorspringt, das andere aber eindringt und in der Feuchtigkeit erlischt, wobei durch diese Mischung verschiedenartige Farben erzeugt werden: diese Erregung nennen wir Flimmern, das sie Bewirkende aber glänzend und schimmernd. Der zwischen diesen mitteninne liegenden Gattung des Feuers, die zu dem Feuchten des Auges gelangt und sich demselben vermischt, aber nicht glänzt, sondern vermöge des durch die Feuchtigkeit schimmernden Strahls des vermischten Feuers eine Farbe der des Blutes ähnlich erzeugt, geben wir den Namen des Roten. Das mit Weiß und Rot verbundene Glänzende ist das Goldgelbe. Aber das Verhältnis dieser Farbenbestandteile anzugeben, hat, sollte jemand es auch kennen, keinen Sinn, da niemand imstande sein dürfte, die notwendigen oder wahrscheinlichen Gründe desselben einigermaßen genügend nachzuweisen. Die Mischung des Roten mit dem Weißen und Schwarzen gibt die Purpurfarbe, das Dunkelviolette aber, wenn diese gebrannt und ihnen Schwarzes in reichlicherem Maße beigemischt wird. Das Gelbbraune geht aus der Mischung des Goldgelben und Grauen hervor; das Graue aus der des Weißen und Schwarzen, aus der des Weißen und Goldgelben aber das Blassgelbe. Verbindet sich das Weiße mit dem Glänzenden und trifft mit dem gesättigten Schwarzen zusammen, dann bildet sich die dunkelblaue Farbe, durch die Vermischung dieser mit dem Weißen die himmelblaue; durch die des Gelbbraunen mit dem Schwarzen die lauchgrüne. Von den anderen Farben ist so ziemlich aus dem bisher Gesagten begreiflich, mit welchen Mischungen wir sie zu vergleichen haben, damit unsere Rede dem Wahrscheinlichen treu bleibe.

Wollte aber jemand bei solchen Untersuchungen durch Versuche das nachweisen, dann hätte er wohl den Unterschied der göttlichen und menschlichen Natur verkannt, da zwar Gott vieles zu einem zu vermischen und wiederum aus einem in vieles aufzulösen zur Genüge versteht und zugleich auch vermag, der Mensch aber zu keinem von beiden weder hinreicht noch in der Folge je hinreichen wird.

Dieses alles nun, vermöge der Notwendigkeit von Natur so beschaffen, übernahm der Werkmeister des Schönsten und Besten bei dem Werdenden, als er den sich selbst genügenden, höchst vollkommenen Gott erzeugte, indem er die hierauf bezüglichen Ursachen als dienende benutzte, selbst jedoch das Wohlgeratene bei allem Werdenden bewirkte.

Demnach müssen wir zwei Arten von Ursachen unterscheiden, das Notwendige und das Göttliche; dem Göttlichen aber muss man, um zu einem glückseligen Leben zu gelangen, in allem, soweit unsere Natur es gestattet, nachspüren, doch um dessenwillen auch dem Notwendigen, in Erwägung, dass es ohne dieses nicht möglich ist, eben jenes, dem wir ernstlich nachstreben, allein zu begreifen und zu erfassen oder seiner sonst irgendwie teilhaftig zu werden.

## 31. Erschaffung des sterblichen Teils der Seele und sein Sitz im Leibe. Herz und Lungen

Da nun vor uns, wie vor Baumeistern der Baubedarf, die verschiedenen Gattungen von Ursachen aufgeschichtet liegen, aus denen das Geflecht unserer noch übrigen Rede zusammengefügt werden muss: so wollen wir in aller Kürze wieder auf den Anfang zurückkommen, rasch uns dahin wenden, von woher wir bis hierher gediehen sind, und nun versuchen, unserer Erzählung den Schluss anzufügen und ihr eine dem Vorhergegangenen angemessene Krone aufzusetzen.

Wie also im Anfang bemerkt wurde, setzte Gott, da diese Dinge in einem ungeordneten Zustande sich befanden, in jegliches selbst zu sich selbst und zu den andern soviel Gleichmäßigkeit, wie und in welcher Weise es möglich war, dass sie übereinstimmend und gleichmäßig sind. Denn damals war weder etwas, es sei denn durch Zufall, einer solchen teilhaftig, noch verdiente überhaupt eines der jetzt einen Namen führenden Dinge, wie zum Beispiel Feuer, Wasser oder ein anderer Grundstoff, eine solche Bezeichnung. Vielmehr ordnete er zuerst das alles und fügte dann aus ihnen dieses Weltganze zusammen als *ein* Lebendes, welches alles Lebende, sterbliches und unsterbliches, in sich schließt. Und der Auferbauer des Göttlichen wurde er selbst, die Erzeugung des Sterblichen aber zu bewerkstelligen übertrug er den von ihm Erzeugten. Diese aber, indem sie der Seele unsterblichen Ursprung überkamen, umkleideten dieselbe, ihn nachahmend, mit dem sterblichen Leibe, gaben ihr als Fahrzeug den ganzen Leib und gestalteten in diesem daneben eine andere Art der Seele, die sterbliche, in welcher sich mächtige und unabweisliche Leidenschaften regen: zuerst die Lust, des Schlechten stärkster Köder, dann der Schmerz, des Wohlbefindens Verscheucher, ferner kecker Mut und Verzagtheit, ein paar unüberlegte Ratgeber sowie der schwer zu beschwichtigende Zorn und die verführerische Hoffnung; indem sie diesen unvernünftige Wahrnehmung und eine zu jedem Wagnis bereite Liebe beimischten, fügten sie in Notwendigkeit die sterbliche Gattung der Seele zusammen. Weil sie aber darum Scheu trugen, das Göttliche zu verunreinigen, soweit es nicht gänzlich notwendig war, wiesen sie dem Sterblichen, von jenem getrennt, einen anderen Teil des Leibes zur Wohnung und schieden, das Genick dazwischen einfügend, durch eine Erdzunge und Grenzscheide Kopf und Brust, damit beide getrennt bleiben. An die Brust aber und den so genannten Brustkorb fesselten sie den sterblichen Teil der Seele und schieden, da er von Natur in einen besseren und einen schlechteren zerfiel, wiederum die Höhlung des Brustkastens und legten, wie man die Wohnung der Frauen von der der Männer trennt, zwischen beide das Zwerchfell als Scheidewand. Demnach wiesen sie dem der Mannheit und des Mutes teilhaftigen, ehrliebenden Teile der Seele seinen Sitz näher dem Kopfe, zwischen Genick und Zwerchfell an, damit er, der Vernunft gehorsam, gemeinschaftlich mit ihr gewaltsam das Geschlecht der Begierden im Zaum halte, wenn es in keiner Weise freiwillig dem von der Burg aus ergangenen Gebote und der Vernunft gehorchen wolle. Doch dem Herzen, dem Knotenpunkt der Adern und der Quelle des alle Glieder mächtig durchströmenden Blutes, wiesen sie die Stelle eines Wachtpostens an, damit, sobald der Ungestüm des Mutes aufbrause bei der Mahnung der Vernunft dass von außen her oder auch von den Begierden im Innern aus in den Gliedern etwas Ungerechtes geschehe, alles, was im Körper für Ermahnungen und Drohungen empfänglich ist, durch alle diese engen Gänge hindurch, folgsam werde. und jede Richtung sich erteilen lasse und so dem Besten alles zu leiten gestatte. Aber gegen das Klopfen des Herzens, bei Erwartung schrecklicher Ereignisse, und gegen das Erwachen des Zornes ersannen sie, da sie voraus erkannten, jedes solche Anschwellen der Leidenschaft werde eine Wirkung des Feuers sein, ein Hilfsmittel, indem sie das Geflecht der Lunge einpflanzten, welche erstens blutlos und weich, ferner aber auch, wie ein Schwamm, mit Öffnungen durchzogen ist, damit sie, den Atem und den Trank in sich aufnehmend, die Glut durch Abkühlung milder und erträglicher mache. Darum öffneten sie die Kanäle der Luftröhre nach der Lunge und legten sie wie ein Polster um das Herz, damit es, wenn der Mut in demselben auflodere, gegen ein Nachgebendes anschlagend und so abgekühlt, minder bewegt, eher mit dem Mut verbunden der Vernunft sich zu fügen vermöge.

## 32. Ansiedlung des begierigen Teils der Seele im Bauch. Beschaffenheit und Aufgabe von Leber und Milz

Dem nach Speise und Trank begierigen Teil unserer Seele und nach dem, wonach er sonst vermöge der Natur des Körpers ein Bedürfnis bekommt, dem wiesen sie seinen Wohnsitz zwischen dem Zwerchfell und der in der Gegend des Nabels gezogenen Grenze an, indem sie in diesem ganzen Raume eine Art von Krippe für die Ernährung des Körpers herrichteten, und fesselten an diese Stelle den so beschaffenen Teil, wie ein wildes Tier, das aber doch, fest mit uns verbunden, ernährt werden müsse, wenn irgend das sterbliche Geschlecht bestehen solle. Damit es also nun, stets an der Krippe sich nährend und so weit wie möglich von dem Waltenden entfernt, Lärm und Geschrei so wenig wie möglich erhebe und den besten Teil in Ruhe das für alle Ersprießliche bedenken lasse, darum wiesen sie ihm hier seine Stelle an. Da sie es aber kannten, dass es Vernunftgründen nicht zugänglich und, sollte je davon etwas irgendwie an dasselbe gelangen, seine Natur nicht so beschaffen sei, um irgend um Vernunftgründe sich zu kümmern, sondern dass es bei Tag und bei Nacht stets durch Trugbilder und Schattengestalten sich leiten lasse - indem also der Gott hierauf Acht gab, verband er demselben das Gefüge der Leber, verlegte sie in dieselbe Gegend des Leibes und gestaltete sie dicht, glatt, glänzend, mild, doch mit einem Zusatze von Bitterkeit, damit die vom Verstande herabdringende in ihm sich regende Kraft der Gedanken, wie in einem Spiegel, der Gestalten in sich aufnimmt und Abbilder erblicken lässt, ihm Furcht errege, wenn diese Seelenkraft mit Anwendung der der Leber eigentümlichen Bitterkeit, mit drohender Strenge und schnell die ganze Leber damit durchdringend, gallige Farben zeige und alles durch Zusammenziehen runzelig und rauh gestalte, den Leberlappen aber, die Gefäße und Zugänge teils aus der richtigen Lage bringe und zusammenzwänge, teils verdämme und abschließe und so Missbehagen und Ekel erzeuge; damit sie ferner, wenn dagegen ein durch Nachdenken erzeugter Anhauch die entgegengesetzten Bilder der Milde hervorrufe, vor der Bitterkeit dadurch Ruhe gewähre, dass sie das ihr widerstrebende Wesen weder aufregen noch mit ihr in Berührung kommen wolle, sondern die ihr innewohnende Süßigkeit gegen jenes Organ in Anwendung bringe, alle Teile desselben ebenmäßig, glatt und frei gestalte und, indem sie den um die Leber herum heimischen Teil der Seele mild und heiter mache, ihn während der Nacht in einem ziemlich ruhigen Zustande beim Schlafen die Sehergabe, als der Vernunft und Einsicht nicht teilhaftig, üben lasse. Denn die Götter, welche uns gestalteten, veredelten, des Befehles ihres Vaters eingedenk, der ihnen den sterblichen Teil nach ihrem Vermögen auf das beste zu bilden anbefahl, auch den mangelhafteren Teil unserer selbst und wiesen, damit er irgendwie mit der Wahrheit in Berührung komme, der Seherkraft an dieser Stelle ihren Sitz an. Dass nämlich Gott dem menschlichen Unverstande die Seherkraft verlieh, dafür dient zu einem ausreichenden Belege, dass niemand mit Überlegung die gottbegeisterte und wahrhafte Seherkraft übt, sondern entweder, indem der Schlaf die Kraft seines Nachdenkens fesselt, oder vermöge eines Fiebers oder einer durch Verzückung erzeugten Umwandlung. Vielmehr kommt es dem Verständigen zu, die Aussagen seiner Sehergabe und göttlicher Begeisterung im Wachen oder im Schlafe sich in das Gedächtnis zurückzurufen und wohl zu erwägen und alle gehabten Erscheinungen durch Nachdenken genau zu unterscheiden, in welcher Weise und wem das ein Bevorstehendes oder Vergangenes oder Gegenwärtiges, Gutes oder Übles, vorbedeute. Dem Verzückten und noch in diesem Zustande Verharrenden aber ziemt es nicht, über seine Gesichte und eigenen Aussprüche ein Urteil zu fällen, sondern mit Recht und von jeher behauptet man, nur des Besonnenen Sache sei es, das ihm Obliegende zu tun, und es, so wie sich selbst, zu erkennen. Darum bestelle auch das Gesetz die Gilde der Wahrsager zu Richtern über gottbegeisterte Weissagungen, welche selbst einige Weissager nennen, denen es ganz unbekannt blieb, dass dieselben Dolmetscher, nicht aber Urheber eines göttlichen Gesichtes oder Wortes sind und mit dem größten Rechte wohl Verkünder des Vorhergesehenen genannt werden dürften. Deswegen also ist die Natur der Leber so beschaffen und nimmt ihrer Natur nach die von uns beschriebene Stelle ein, behufs der Seherkraft nämlich. Und solange ein jegliches noch lebt, sind die Vorbedeutungen dieses Organs noch erkennbarer; ist es aber des Lebens beraubt, dann verlieren sie diese Erkennbarkeit, und die Merkmale verschwimmen für eine deutliche Vorbedeutung in größeres Dunkel.

Die Zusammenfügung des der Leber benachbarten Eingeweides und seine Stelle zur Linken entstand um der Leber willen, um sie stets glänzend und rein zu erhalten, wie für einen Spiegel, ein dazu eingerichteter und stets neben ihm in Bereitschaft gehaltener Schwamm. Wenn daher durch Krankheiten des Körpers gewisse Unreinigkeiten um die Leber herum sich häufen, dann nimmt die lockere Milz, deren Gewebe hohl und blutleer ist, sie reinigend in sich auf; demnach schwillt sie, von diesen Ausscheidungen erfüllt, an, wird groß und schwärig und sinkt dann, nach einer Reinigung des Körpers, zu geringerem Umfang wieder in sich selbst zusammen.

## 33. Unterleib und Gedärme. Mark, Knochen, Fleisch und Sehnen. Verteilung des Fleisches, Haut, Haare und Nägel

Das sind unsere Ansichten über die Seele, was sie Sterbliches und was sie Göttliches enthält, und wie, mit welchen Teilen verbunden und aus welchen Gründen beides besondere Stellen angewiesen erhielt. Die Richtigkeit derselben ließ sich aber wohl nur dann, wie gesagt, behaupten, wenn ein Gott ihnen beistimmte. Dass unsere Aussage aber das Wahrscheinliche enthalte, das können wir, sowohl jetzt als nach genauerer Erwägung der Sache, zu behaupten wagen und wagen es. In derselben Weise müssen wir dem nun Folgenden nachforschen. Es war aber dies, wie der Rest des Körpers entstand. Dieser dürfte wohl am wahrscheinlichsten nach folgenden Erwägungen zusammengefügt sein. Diejenigen, welche unser Geschlecht bildeten, wussten, welche Unmäßigkeit im Essen und Trinken bei uns stattfinden werde und dass wir aus Schlemmerei das rechte und notwendige Maß bei weitem überschreiten würden. Damit nun nicht durch Krankheiten ein schnelles Dahinsterben eintrete und das sterbliche Geschlecht alsbald, vor seiner Entwicklung, untergehe, diesem vorzubeugen, bereiteten sie den so genannten Unterleib durch seine Einrichtung zur Aufnahme des von den Speisen und Getränken Auszuscheidenden vor und umwanden denselben mit dem Erzeugnis der ineinander verschlungenen Gedärme, damit nicht der Nahrungsmittel schneller Durchgang für den Körper einen schnellen Ersatz derselben nötig und, durch eine aus Unersättlichkeit hervorgehende Gefräßigkeit, die ganze Gattung zu einer dem Weisheitsstreben und den Musen abholden mache, ungehorsam dem göttlichsten Teile unseres Selbst.

Hinsichtlich der Knochen, des Fleisches und alles Derartigen verhielt es sich aber so. Dieses alles hatte in der Entstehung des Markes seinen Ursprung; denn die Leib und Seele verknüpfenden Bande des Lebens gaben, in ihm sich vereinigend, dem sterblichen Geschlecht eine feste Wurzel, das Mark selbst aber ging aus anderen Bestandteilen hervor. Denn indem der Gott von den ursprünglichen Dreiecken diejenigen, welche, als unbeeinflusst und glatt, geeignet waren, Feuer, Wasser, Luft und Erde auf das genaueste zu erzeugen, jegliche von den ihnen eigentümlichen Gattungen aussonderte und nach richtigen Verhältnissen sie verband, bildete er aus allen, auf eine Verbindung aller Samen für das gesamte sterbliche Geschlecht bedacht, das Mark. An dieses knüpfte er darauf die ihm eingepflanzten Gattungen der Seelen und ordnete sogleich bei der ursprünglichen Verteilung die Zahl und Beschaffenheit der Gestaltungen des Markes nach der Zahl und Beschaffenheit, die diese ihren einzelnen Arten nach zu erhalten bestimmt waren. Und denjenigen Teil des Markes, der, gleich einem Saatfeld, den göttlichen Samen in sich enthalten sollte, nannte er, indem er allerwärts in sich zurücklaufend ihn gestaltete, das Hauptmark [Gehirn], weil nach Vollendung jedes Lebenden das Haupt zum Gefäß für dasselbe bestimmt war; aber das den übrigen, sterblichen Teil unserer Seele in sich zu fassen Bestimmte, diesem teilte er zugleich runde und längliche Gestaltungen zu, nannte das alles Mark und umzog es, indem er wie Ankertaue die Bande unserer ganzen Seele daran knüpfte, zunächst schirmend mit einer knöchernen Decke, um welche er unseren ganzen Körper vollendete.

Die Knochen fügte er aber in folgender Weise zusammen. Er siebte reine und feine Erde aus, feuchtete mit dem Marke sie an und vermengte sie mit demselben; dann legte er dieses Gemengsel in das Feuer, tauchte es hierauf in das Wasser, dann wieder in Feuer und noch einmal in Wasser und machte es, durch ein solches oft wiederholtes Versetzen aus dem einen in das andere, unauflösbar für beides. Mit Benutzung dieser Masse wölbte er um das Gehirn des Lebewesens eine knöcherne Kugel, bei welcher er einen engen Zugang offen ließ. Weiter bildete er aus ihr, vom Kopfe ausgehend und durch den ganzen Körper sie hindurchführend, das Hals- und Rückenmark umschließende, wie auf Zapfen bewegliche Wirbel; so umgab er schirmend den ganzen Samen mit einem steinartigen Gehäuse, welches er, behufs der Beweglichkeit und Biegsamkeit, mit Gelenken versah und dabei die unter ihnen mitteninne liegende Kraft des Verschiedenen in Anwendung brachte. In der Meinung ferner, dass die Beschaffenheit des Knöchernen zu spröde und unbeugsam sei und dass, wenn es erhitzt werde und wieder erkalte, es zerfressen und den in ihm enthaltenen Samen verderben werde, ersann er deshalb die Gattung des Fleisches und der Sehnen, damit er durch diese alle Glieder verbinde und dem Körper, vermittels ihrer An- und Abspannung um jene Zapfen, sich zu biegen und auszudehnen gestatte; das Fleisch aber, damit es zu einem Schirm gegen Hitze, einem Schutz gegen Kälte sowie auch gegen Hinfallen werde, da es, wie filzige Umhüllungen, den Körpern sanft und weich nachgebe und im Sommer, durch Ausschwitzen einer in ihm enthaltenen warmen Feuchtigkeit, eine von ihm herrührende Kühlung über den ganzen Körper verbreite, dagegen wieder im Winter, durch eben dieses innere Feuer, den andringenden und es umgebenden Frost so ziemlich abhalte. Indem unser Bildner dies bedachte, fügte er das saftreiche, weiche Fleisch zusammen, welches er, aus Wasser, Feuer und Erde, mit einer Beimischung des aus Saurem und Salzigem entstandenen Gärungsstoffes, zu einer Mischung und dem richtigen Verhältnisse vereinigte. Die Natur der Sehnen aber verband er aus einer keiner Gärung unterworfenen Mischung des Fleisches und der Knochen zu einer zwischen beiden die Mitte haltenden Kraft, indem er ihm eine gelbe Farbe gab. Darum sind die Sehnen von gespannterer und zäherer Beschaffenheit als das Fleisch, aber von weicherer und biegsamerer als die Knochen. Mit ihnen umgab der Gott Knochen und Mark, welche er durch sie miteinander verband; das alles überkleidete er darauf mit Fleisch.

Um die beseeltesten Knochen legte er nun das wenigste Fleisch, um die im Innern seelenlosesten aber das meiste und festeste. Auch beim Zusammentreffen der Knochen erzeugte er, wo nicht die Vernunft die Fülle desselben für notwendig erkannte, weniges Fleisch, damit es weder durch Hemmen der Biegungen den zu einem schwer beweglichen werdenden Körper unbeholfen mache, noch auch häufig fest und sehr ineinander verwachsen, durch seine Härte Gefühllosigkeit erzeuge und die auf das Nachdenken bezüglichen Teile unmerksamer und stumpfer gestalte. Darum sind auch die Schenkel und Schienbeine, die Umgebung der Hüftpfanne sowie die Röhren der Ober- und Unterarme und was von unsern Knochen sonst der Gelenke entbehrt und was an Knochen im Innern wegen der Kleinheit der Seele im Mark des Nachdenkens nicht teilhaftig ist - diese alle sind angefüllt mit Fleisch; minder aber die mit Vernunft begabten Teile, es sei denn, dass er einem aus Fleisch für sich bestehenden Gliede, wie der Zunge, der Sinneswahrnehmung wegen diese Einrichtung gab; das meiste aber richtete er auf jene Weise ein, da die aus Notwendigkeit hervorgegangene und weiter ausgebildete Naturbeschaffenheit nicht die Vereinigung starker Knochen und häufigen Fleisches und leishöriger Sinneswahrnehmung gestattet. Denn wenn beides sich hätte vereinigen wollen, dann fände es sich vor allem wohl beim Bau unseres Kopfes; wenn das Menschengeschlecht einen fleischigen, sehnenreichen und kräftigen Kopf zwischen den Schultern trüge, dann wäre seine Lebensdauer eine zwie-, ja mehrfache und gesunder und beschwerdenloser als die des jetzt lebenden. Nun aber, als die Urheber unseres Entstehens erwogen, ob sie unsere Gattung zu einer dauernderen, aber schlechteren oder zu einer minder dauernderen, aber besseren machen sollten, kamen sie darin überein, dem längeren, doch schlechteren Leben sei für jeden jedenfalls das kürzere, aber bessere vorzuziehen; daher bedeckten sie den nicht einmal mit Gelenken versehenen Kopf mit schwachen Knochen, mit Fleisch und Sehnen aber gar nicht. Aus allen diesen Gründen wurde also dem Rumpfe jedes Menschen ein für Sinneswahrnehmung und Nachdenken empfänglicherer, aber weit schwächlicherer Kopf angefügt. Die Sehnen legte ferner der Gott deshalb so am Ausgange des Kopfes rings um den Hals und verband sie vermöge von Ähnlichkeit; das Äußerste der Kinnbacken aber verband er mit ihnen unter dem Gesicht, die übrigen verteilte er, ein Gelenk mit dem anderen zu verknüpfen, unter alle Glieder. Der Tätigkeit unseres Mundes ordneten ferner die Ordner, der jetzt bestehenden Einrichtung gemäß, Zähne, Zunge und Lippen zu behufs des Notwendigen und behufs des Besten, darauf bedacht, dass das Notwendige einen Eingang, das Beste einen Ausweg habe. Denn notwendig ist alles, was da eingeht, da es den Körper ernährt; der ihm entströmende und dem Nachdenken dienstbare Fluss der Rede aber ist unter allen Flüssen der schönste und beste.

Ferner war es nicht, wegen der nach beiden Seiten hin das Maß überschreitenden Verschiedenheit der Jahreszeiten, tunlich, entweder zu gestatten, dass der Kopf allein mit einer nackten Knochenhülle versehen sei, oder dagegen es geschehen zu lassen, dass er, von des Fleisches Überfülle umgeben, stumpf und der Sinneswahrnehmung unzugänglich werde; sondern es wurde von dem fleischigen, nicht ganz dabei vertrocknenden Wesen ein größerer, davon zurückbleibender Überzug ausgeschieden, den man jetzt die Haut nennt; diese umkleidete, vermöge der Feuchtigkeit des Gehirns in sich selbst zusammengehend und hervorsprossend, ringsum den Kopf. Die an den Nähten empordringende Feuchtigkeit netzte und vereinte sie, wie in einen Knotenpunkt sie zusammenziehend, am Scheitel; aber der Nähte verschiedenartige Gestaltung bildete sich durch den Einfluss der seelischen Umläufe und der Nahrung: sie entstanden zahlreicher bei einem stärkeren, minder zahlreich bei einem schwächeren Kampfe beider untereinander. Diese ganze Kopfhaut durchstach der göttliche Teil im ganzen Umkreise mit Feuer, indem aber die Feuchtigkeit durch diese Öffnungen herausdrang, entschwand von dem Feuchten und Warmen dasjenige, was ohne Beimischung war; das aus denselben Bestandteilen, woraus auch die Haut bestand, Gemischte dagegen dehnte sich, durch ein Drängen nach außen getrieben, mit einer dem Durchstich entsprechenden Feinheit in die Länge. Doch von dem Luftstrome außen seiner langsamen Entwicklung wegen unter die Haut zurückgedrängt, schlug es hier, sich zusammenrollend, Wurzel, und in der Haut bildete sich vermöge eines solchen Hergangs das Geschlecht der Haare, ihr verwandt, aber von fadenförmiger Ausdehnung und durch das Verdichten des Abkühlen, welches jedes Haar, von der Kopfhaut getrennt, erfuhr, härter und fester. So gestaltete, durch Anwendung des erwähnten Verfahrens, unser Bildner den Kopf haarig, weil er erkannte, dass dies an Stelle des Fleisches die Bedeckung sein müsse, um das Gehirn zu sichern, welche leicht sei und ihm, ohne der Empfänglichkeit für sinnliche Eindrücke ein Hemmnis zu sein, im Winter und Sommer ausreichenden Schutz und Schatten gewähre.

Aber die Finger und Zehen umgebende, aus drei Bestandteilen, Sehnen, Haut und Knochen, zusammengesetzte Verflechtung wurde, ausgetrocknet, zu *einer* harten, aus der gemeinsamen Vereinigung dieser drei Stoffe gebildeten Haut, welche aus diesen Mitursachen gewirkt, von dem eigentlich verursachenden Verstand zum Wohle späterer Geschlechter gebildet wurde. Denn diejenigen, welche uns zusammenfügten, wussten, aus den Männern würden die Frauen so wie die übrigen Tiere hervorgehen, und sahen voraus, gar manches Vieh werde zu manchem Behuf der Nägel bedürfen; daher ließen sie sogleich beim Entstehen der Menschen die Anlage der Nägel sich gestalten. Das erwogen sie, und aus solchen Gründen erzeugten sie auf der Oberfläche der Glieder Haut, Haare und Nägel.

## 34. Die Natur der Pflanzen

Nachdem nun alle Teile und Glieder des sterblichen Tieres unter sich naturgemäß verbunden waren und es auf Grund der Notwendigkeit sich ergab, dass es im Feuer und in der Luft sein Leben vollbringen müsse und dass es deshalb, durch beide aufgelöst und entleert, seinem Verderben entgegengehe, sannen die Götter auf Hilfe für dasselbe. Sie verbinden nämlich andere Gestaltungen und Sinneswerkzeuge zu einer anderen, der menschlichen verwandten Natur und lassen diese zu einem anders beschaffenen Lebenden hervorsprießen. Aber die jetzt zahmen Bäume, Gewächse und Saaten wurden uns, nachdem der Landbau sie veredelte, befreundet; denn vorher gab es nur wildwachsende Gattungen, älteren Ursprungs als die zahmen. Alles nämlich, was da etwa des Lebens teilhaftig ist, darf wohl füglich und mit dem vollsten Rechte ein Lebendes heißen. Gewiss aber nimmt das, wovon wir jetzt sprechen, an der dritten Art der Seele teil, von der wir behaupten, dass sie zwischen Zwerchfell und Nabel ihren Sitz bekam und welcher keine Meinung, Erwägung und Vernunft zusteht, aber wohl mit Begierden verbundene schmerzliche und angenehme Empfindungen. Es verharrt nämlich fortwährend in einem leidenden Zustande, und seiner Natur gemäß verlieh ihm das Entstehen nicht, als selbst in sich und um sich selbst bewegt, mit Zurückweisen der Bewegung von außen her und der eigenen folgend, mit Einsicht auf sich Bezügliches zu erwägen. Darum lebt es und ist nicht von einem Lebenden verschieden, aber unbeweglich und steht, der von ihm selbst ausgehenden Bewegung entbehrend, eingewurzelt fest.

## 35. Die zwei Hauptadern und das Bewässerungssystem des Körpers

Nachdem jene Mächtigeren diese Gattungen insgesamt zu unserer, der Ohnmächtigeren, Nahrung hervorsprießen ließen, durchschnitten sie unseren Körper selbst, wie einen Garten, mit Kanälen, damit er wie durch ein darüber sich ergießendes Bächlein angefeuchtet werde. Und zuerst eröffneten sie zwei Rückenadern, unter der Verbindung der Haut und des Fleisches verborgene Kanäle, insofern der Körper doppelt aus rechten und linken Teilen besteht; diese führten sie längs des Rückgrats herab, indem sie auch das erzeugerische Mark in die Mitte nahmen, damit dieses vor allem gedeihe und damit der von dort aus nach den anderen Teilen erfolgende Erguss, weil nach unten gehend, ungehemmt die Bewässerung zu einer gleichförmigen mache. Hierauf spalteten sie um den Kopf herum die Adern, verflochten sie und ließen sie in entgegengesetzter Richtung durcheinandergehen, indem sie die von der rechten nach der linken Seite des Körpers umbogen, die von der linken aber nach der rechten Seite, damit sie zugleich mit der Haut zusammen ein Band zwischen Kopf und Rumpf bildeten, da jener nicht nach dem Scheitel zu ringsum mit, Sehnen umgeben war, und damit sie auch die Einwirkung der Sinneseindrücke von beiden Seiten aus über den ganzen Körper verbreiteten.

Darauf bewirkten sie die Wasserleitung in folgender Weise, die wir leichter begreifen werden, wenn wir zuvor darüber uns verständigten, dass alles aus kleineren Teilen Bestehende dem Größerteiligen den Durchgang wehrt, dass aber das aus größeren Teilen Zusammengesetzte bei dem Kleinerteiligen dieses nicht vermag. Unter allen Gattungen ist nun das Feuer das Kleinstteilige; daher geht es durch Erde, Wasser, Luft und das aus diesem Zusammengefügte hindurch, und nichts vermag den Durchgang ihm zu wehren. Dieselbe Vorstellung müssen wir auch von unserer Bauchhöhle uns machen, dass sie den in dieselbe herabkommenden Speisen und Getränken den Durchgang wehrt, doch bei dem aus kleineren Bestandteilen als den sie selbst bildenden zusammengesetzten, Lufthauch und Feuer, das nicht vermag. Dieser beiden bediente sich also der Gott zu der von der Bauchhöhle aus in die Adern gehenden Bewässerung, indem er aus Luft und Feuer ein den Fischreusen ähnliches Geflecht zusammenwob, welches am Eingange doppelte Nebenschläuche hat, deren einen er wieder in zwei Äste schied. Von den Nebenschläuchen aus aber spannte er ringsum nach den äußersten Teilen des Geflechts gleichsam Binsen aus. Alle inneren Teile des Flechtwerks fügte er ferner aus Feuer zusammen, die Nebenschläuche und den Umfang aber aus Luft und nahm das und verteilte es in folgender Weise in das von ihm gebildete Lebende. Den Teil mit den Nebenschläuchen leitete er nach dem Munde zu; da dieser aber ein doppelter war, führte er den einen Nebenschlauch an den Adern nach der Lunge herab, den ändern dagegen neben den Adern nach der Bauchhöhle; den ersten spaltete er und lenkte beide Abzweigungen gemeinschaftlich nach den Kanälen der Nase, damit, wenn der andere am Munde nicht in Bewegung wäre, durch ihn alle Ströme, auch die des Mundes, aufgefüllt würden. Die übrige Rundung der Reuse sollte die, ganze Höhlung unseres Körpers bekleiden und alles dieses bald sich in die Nebenschläuche ergießen, mit Sanftheit, weil sie aus Luft bestehen, bald sollten die Nebenschläuche zurückströmen, das Flechtwerk aber, bei der Lockerheit des Körpers, bald durch ihn eindringen, bald wieder zurückweichen und die in demselben ausgespannten feurigen Strahlen der Luft nach beiden Richtungen folgen, das aber zu geschehen nicht aufhören, solange noch der Zusammenhang des Lebenden fortbestehe. Dieser Gattung von Lebensvorrichtungen gab nun, behaupten wir mit Fug, derjenige, welcher diese Ausdrücke bildete, die Namen des Einatmens und des Ausatmen. Diese gesamte Tätigkeit und Einwirkung auf unseren Körper lässt ihn, durch Anfeuchten und Abkühlen, sich nähren und fortleben; denn wenn dem ein- und ausströmenden Atem das im Innern entzündete Feuer folgt und, in fortwährender Bewegung in die Bauchhöhle eindringend, die Speisen und Getränke ergreift, zersetzt es dieselben, zerlegt sie in winzige Teilchen und bewirkt, indem es sie durch die sich ihm selbst bietenden Ausgänge hindurchführt und sie, wie aus der Quelle nach den Wassergräben, nach den Adern hinleitet, dass die Strömungen dieser Adern wie eine Wasserleitung durch unsern Körper sich ergießen.

## 36. Die Ursachen und der Vorgang des Atmens

Richten wir noch einmal auf die Verrichtung des Atmens, aus welchen Ursachen sie so, wie sie jetzt erfolgt, sich gestaltete, unsere Aufmerksamkeit. So also: Da es keinen leeren Raum gibt, in welchen etwa ein Bewegtes einzudringen vermöchte, unser Hauch aber von uns nach außen sich bewegt, so ist das, was daraus folgt, jedem einleuchtend, dass er nicht in das Leere dringt, sondern das ihm Nächste aus seiner Stelle verdrängt; dem Verdrängten aber weicht der ihm jedes Mal Nächste, und dieser Notwendigkeit zufolge wird alle Luft im Kreise nach der Stelle, von wo der Hauch kam, getrieben, dringt da ein, erfüllt sie und folgt dem Hauche, und das alles erfolgt zu gleich, da es keinen leeren Raum gibt, wie das Umdrehen einer Scheibe. Indem daher Brust und Lunge den Hauch nach außen entlassen, wird derselbe wieder durch die den Körper umgebende Luft, welche durch das lockere Fleischgewebe eindringt und im Kreise umgetrieben wird, ersetzt, die aber hier wieder zurückgedrängte und durch den Körper nach außen gehende Luft treibt den Hauch nach innen durch die Durchgänge des Mundes und der Nasenlöcher. Die Ursache des Anfangs davon sei aber folgende. Das Innere jedes Lebendigen ist um das Blut und die Adern am wärmsten, als ob es in sich eine Feuerquelle umschließe. Dieses verglichen wir dem Geflechte einer ausgespannten Fischreuse, deren ganze Mitte aus Feuer, das andere nach außen zu aber aus Luft zusammengeflochten sei. Von dem Warmen müssen wir nun annehmen, es entweiche seiner Natur gemäß nach der ihm zukommenden Stelle nach außen zu dem ihm Verwandten; da es aber der Durchgänge zwei gebe, den einen durch den Körper nach außen, den andern dagegen durch Mund und Nasenlöcher, so treibe es, wenn es nach der einen Gegend dringt, das an der andern Gegend herum, das Herumgetriebene aber werde, in das Feuer geratend, erwärmt, das Herausdringende kühle dagegen sich ab. Indem nun die Wärme ihre Stelle wechsele und das auf dem Wege des andern Ausgangs sich Befindende wärmer werde, dringe das Wärmere wieder dorthin, dem seiner Natur Verwandten zu, und treibe das am andern Ausgange im Kreise herum. Dadurch nun, dass dieses stets dieselbe Einwirkung erleide und ausübe, werde von beiden ein nach, der einen und der andern Richtung hin schwankender Kreislauf erzeugt und so das Einatmen und das Ausatmen bewirkt.

## 37. Den Vorgängen beim Atmen verwandte Erscheinungen

Gewiss muss man auch darin die Gründe der Wirkung der von Ärzten angewendeten Schröpfköpfe, die des Hinabschluckens und die des Hingeworfenen, was da, sich selbst überlassen, nach oben und was zur Erde strebt, suchen; sowie auch die der Töne, welche als schnell und langsam, hoch und tief erscheinen und bald, wegen der Ungleichförmigkeit der durch sie in uns hervorgebrachten Bewegung, misstönend, bald aber vermöge der Gleichförmigkeit derselben wohltönend uns berühren. Denn die langsameren erreichen die Bewegungen der früheren und schnelleren, wenn sie nachlassen und schon denen geworden sind, mit denen die später ankommenden langsameren sie bewegen, bringen aber, indem sie dieselben erreichen, keine Störung durch Veränderung der Bewegung hervor, sondern verknüpfen damit den Beginn eines langsameren, in Gleichförmigkeit zu dem der schnelleren, die jetzt nachlassen, stehenden Fortschreitens und erzeugen durch Vermischung des hohen und des tiefen Tones *einen* gemeinsamen Eindruck, wodurch sie dem Unverständigen Sinneskitzel, dem Verständigen aber, durch die Nachahmung göttlichen Einklangs vermittels irdischer Tonschwingungen, Wohlbehagen bereiten. Ja, auch bei allen Flüssigkeitsströmungen, ferner beim Herabfahren des Blitzstrahls und dem Verwunderung erregenden Anziehen des Bernsteins und der Herakleischen Steine, bei keinem von diesen allen findet eine Anziehungskraft statt; vielmehr wird dem in gehöriger Weise Nachforschenden deutlich werden, dass das Leere nicht ist und dass diese Dinge sich selbst im Kreise herumdrängen im Übergang von einem zum andern, dass jedes sich Sondernde und sich Vereinigende alles die Stellen vertauschend nach dem ihm eigenen Sitze geht und dass durch die Verflechtung dieser Einwirkungen aufeinander jene Wundererscheinungen entstehen.

## 38. Bildung des Bluts. Wachstum, Alter und natürlicher Tod

Auch die Verrichtung des Atmens, von der unsere Rede ausging, erfolgt, wie im vorigen gesagt wurde, in derselben Weise und dadurch, dass das Feuer die Speisen zerteilt, dem von innen aufsteigenden Hauche folgt und bei diesem Mitaufsteigen dadurch vom Unterleibe aus die Adern füllt, dass es von dorther das wohl Zerteilte in sie hineinpumpt; und so durchströmen sonach die flüssig gewordenen Speisen den ganzen Körper aller lebenden Geschöpfe. Aber das eben Zerteilte, das von verwandten Stoffen herrührt, wie Blättern und Früchten, die eben zu unserer Nahrung der Gott erwachsen ließ, zeigt vermöge seiner Mischung verschiedenartige Farben, doch die vorherrschende ist die rote, ein Erzeugnis des durch das Feuer erfolgten Zerteilens und seines Widerscheins im Feuchten. Daher stellt sich die Farbe des den Körper Durchströmenden auf die von uns angegebene Weise dar. Diese Flüssigkeit nennen wir Blut, die Nahrungsquelle des Fleisches und des gesamten Körpers, durch welche angefeuchtet jegliches den Untergrund des Ausscheidenden wieder ausfüllt Das Ausfüllen und Ausscheiden aber erfolgt ebenso wie die Bewegung eines jeglichen im Weltganzen, welcher zufolge jedes Verwandte sich nach sich selbst hinbewegt; denn das von außen uns Umgebende löst uns fortwährend auf und führt ablösend die einzelnen Gattungen dem Gleichartigen zu; das Bluterfüllte dagegen muss, in unserem Innern zerteilt und eingeschlossen, von jedem lebenden Geschöpfe wie von einem wohlverbundenen Himmel, notwendig die Bewegung des Weltalls nachbilden. So wird nun, indem jedes der im Innern zersetzten Teilchen nach dem ihm Verwandten sich hinbewegt, das Ausgeschiedene ersetzt. Geht nun also mehr fort als hinzuströmt, dann ist alles im Dahinschwinden, umgekehrt dagegen im Wachsen. Ist nun das Gefüge des ganzen Lebendigen noch jung, indem es die Dreiecke der Grundstoffe neu gleichwie frisch vom Lager hat, dann sind ihre Verbindungen untereinander stark, und die Gesamtmasse, als aus eben erst entstanenem Marke bestehend und in Milch aufgenährt, ist bildsam. Die von außen her eintretenden, in sie aufgenommenen Dreiecke aber, aus welchen die Speisen und Getränke bestehen, welche älter und minder kräftig als ihre sind, bewältigt sie durch die eigenen, frischen, und macht so das aus vielen ihm ähnlichen Bestandteilen aufgenährte Geschöpf groß; ist jedoch die Wurzel der Dreiecke durch die vielen in vieler Zeit gegen vieles bestandenen Kämpfe gelockert, dann vermögen sie nicht mehr, die der Nahrung, welche zu ihnen eindringen, zu einem ihnen Gleichartigen zu zersetzen, sondern werden selbst leicht durch diese von außen her zu ihnen eindringenden aufgelöst. Das ganze Geschöpf geht daher, in diesem Zustande erliegend, seinem Untergange entgegen, und was es erfährt, wird das Alter genannt. Wenn endlich die zusammengeknüpften Bande der zum Mark gehörenden Dreiecke durch die lange Anstrengung sich auflösen und keinen Widerstand mehr leisten, dann lockern sie auch die Bande der Seele, und diese fliegt, in naturgemäßer Weise ihrer Fesseln entledigt, mit Lust davon. Denn alles Naturwidrige ist schmerzlich, das Naturgemäße aber angenehm; in derselben Weise ist auch der durch Krankheiten und Wunden erfolgte Tod ein schmerzlicher und gewaltsamer, aber der vermittels des Alters naturgemäß zum Ziele führende die unter allen Todesarten am mindesten beschwerliche und eine mehr mit Freude als Schmerz verbundene.

## 39. Die Entstehung der zwei ersten Arten körperlicher Krankheiten

Woher ferner die Krankheiten entstehen, ist wohl jedem einleuchtend. Da es nämlich vier Gattungen gibt, aus denen der Körper zusammengefügt ist, Erde, Feuer, Wasser und Luft, so ist es der naturwidrige Mangel oder Überfluss derselben sowie die Vertauschung der dem einen zukommenden Stelle mit einer ihm fremden und ferner, da es von Feuer und den übrigen mehr als eine Gattung gibt, die Aufnahme von jeder nicht zuträglichen, und alles derartige, was Zwiespalt und Krankheiten bewirkt. Wenn nämlich irgendeine der Gattungen in widernatürlicher Weise entsteht und ihre Stelle wechselt, so erwärmt sich das frühere Kühle, das vorher Trockene wird feucht, und so auch das Leichte und Schwere; alle Veränderungen nimmt es auf alle Weise an. Denn nur dann, behaupten wir, wenn dasselbe zu demselben in derselben Art und Weise und in richtigem Verhältnis hinzutritt und von ihm zurücktritt, wird es dasselbe als dasselbe gesund und wohlbehalten fortbestehen lassen; was aber in irgendeiner dieser Bedingungen abweicht, wenn es fortgeht nach außen oder hinzutritt, wird sehr mannigfaltige Veränderungen und zahllose Nachteile und Krankheiten herbeiführen.

Da ferner, der Natur gemäß, zweite Verbindungen bestehen, so gibt es für denjenigen, welcher dem nachzuforschen begehrt, eine zweite Betrachtung der Krankheiten. Indem nämlich jene Grundstoffe zu Mark, Knochen, Fleisch und Sehnen sich verbinden sowie auch das Blut, obgleich in verschiedener Weise, aus denselben entsteht: so erzeugen sich zwar die meisten Krankheiten wie vorher beschrieben, die schwersten aber treten folgendermaßen sehr heftig ein: Diese Verbindungen verderben, wenn die Erzeugung derselben den umgekehrten Gang nimmt. Der Natur gemäß entstehen nämlich Fleisch und Sehnen aus dem Blute: die Sehnen, vermöge ihrer Verwandtschaft, aus den Blutfasern, das Fleisch aus dem nach Entfernung der Blutfasern geronnenen Blute. Von den Sehnen und dem Fleische sondert sich ferner eine klebrige und fettige Masse ab, welche das Fleisch mit den Knochen eng verwachsen sowie die das Mark umgebenden Knochen selbst sich nähren und heranwachsen lässt. Desgleichen feuchtet diejenige Gattung von Dreiecken, welche, vermöge der Dichtigkeit der Knochen, als die reinste hindurchsickert und die glatteste und fettigste, indem sie von den Knochen rinnt und tröpfelt, das Mark an. Geht dieses alles nun in dieser Weise vonstatten, dann erfolgt meistens Gesundheit, geschieht es aber auf entgegengesetztem Wege, Krankheit. Denn wenn das sich auflösende Fleisch seine Auflösung zurück in die Adern ergießt, dann bekommt das mit Luft verbundene reichliche und vielgestaltige Blut in den Adern - bunt versehen mit Farben und Bitterkeiten, dazu mit sauren und salzigen Kräften - Galle, Lymphe und Schleim aller Art. Weil nämlich alles hinfällig und verderbt wird, ergreift diese Verderbnis zuerst das Blut, und diese Säfte strömen, ohne ferner dem Körper Nahrung zu schaffen, durch die Adern allerwärtshin, ohne der Ordnung der naturgemäßen Umläufe zu folgen, mit sich selbst im Streite, da sie gegenseitig sich von keinem Nutzen sind, und feindselig gegen die festen, ihre Stelle nicht verändernden Teile des Körpers, welche sie verderben und auflösen. Was nun etwa vom ältesten Fleische aufgelöst wird, das wird als schwer verzehrbar durch das lange dauernde Brennen schwarz und ist, weil durchaus zerfressen, bitter und jedem noch nicht aufgelösten Teile des Körpers verderblich; und manchmal geht bei der schwarzen Farbe durch Abschwächung des Bitteren die Bitterkeit in Säure über, manchmal wieder nimmt das Bittere mit Blut übergossene eine rötere Farbe an und, wenn sich damit das Schwarze mischt, eine gallige. Auch eine gelbe Farbe gesellt sich noch dem Bitteren bei, wenn junges Fleisch von dem mit Flamme verbundenen Feuer aufgelöst wird. Und den gemeinschaftlichen Namen Galle haben diesem allen entweder Ärzte gegeben oder auch einer, der zwar auf das Viele und gleichartige seine Aufmerksamkeit zu richten, aber doch in allem *eine* Gattung, die einer Benennung wert war, zu erkennen vermochte. Die sonst noch genannten Arten der Galle aber bekamen der Farbe nach jede ihre besondere Bestimmung.

Das ausscheidende Wässerige aber ist als Blutwasser mild, bei der schwarzen und scharfen Galle dagegen, wenn es vermittels der Wärme mit der Kraft des Salzigen sich mischt, beißend; derartiges nennt man aber scharfen Schleim. Die mit hinzutretender Luft erfolgende Auflösung des jungen und zarten Fleisches wiederum, wenn sie aufgebläht und von Feuchtigkeit rings umgeben wird und dadurch Bläschen sich bilden, die einzeln ihrer Kleinheit wegen dem Auge entgehen, indem aber ihre Gesamtheit einen Umfang gewinnt, sichtbar werden und vermöge, der Erzeugung des Schaumes eine weiße Farbe zeigen: diese ganze, mit Luft vermischte Auflösung des jungen Fleisches nennen wir den weißen Schleim. Ferner sind Schweiß und Tränen das von dem im Sichbilden begriffenen Schleime ausscheidende Wässerige, und was an derartigen Körpern sonst täglich als Reinigung sich ergießt. Das alles verursacht aber Krankheiten, sobald das Blut nicht der Natur gemäß durch Speisen und Getränke ausreichend ersetzt wird, sondern auf entgegengesetztem Wege, im Widerspruch mit den Gesetzen der Natur, seinen Zufluss erhält. Wird also durch Krankheiten jegliches Fleisch aufgelöst, während dabei dessen Grundlage fortbesteht, dann übt das seine nachteilige Wirkung nur zur Hälfte, denn noch hat dann die Widerherstellung keine Schwierigkeit. Erkrankt aber auch das Fleisch und Knochen Verbindende und gewährt das von den Blutfasern und Sehnen Ausgeschiedene nicht mehr den Knochen Nahrung und wird nicht mehr zum Bande des Fleisches und der Knochen, sondern, durch schlechte Lebensweise verkümmert, aus einem Fetten, Glatten und Schlüpfrigen zu einem Spröden und Salzigen, dann verliert sich, wieder von den Knochen sich lösend, alles Derartige, dem das widerfährt, unter dem Fleische und den Sehnen; das mit ihm aus seinen Wurzeln gehobene Fleisch aber lässt die Sehnen nackt und mit Salzigem erfüllt und vermehrt, indem es selbst wieder dem Umlaufe des Blutes sich beimischt, die Zahl der im vorigen erwähnten Krankheiten. So empfindlich nun diese Leiden des Körpers sind, so werden doch die diesen vorausgehenden noch drückender, wenn der Knochen, durch die Dichtigkeit des Fleisches des ausreichenden Zutritts der Luft beraubt, von Moder erhitzt, dahinfault und nicht mehr die Nahrung wieder in sich aufnimmt, sondern umgekehrt in seiner Auflösung mit ihr sich vermischt sowie sie mit dem Fleische, welches durch seinen Eintritt in das Blut die erwähnten Krankheiten insgesamt schlimmer macht. Das Schlimmste von allem aber ist, dass, wenn das Mark durch irgendeinen Überfluss oder Mangel erkrankt, dies die schwersten und am ersten zum Tode führenden Krankheiten erzeugt, indem notwendig die ganze Einrichtung des Körpers die umgekehrte Richtung nimmt.

## 40. Die durch Luft, Schleim und Galle entstehende dritte Art von Krankheiten des Körpers

Bei der dritten Gattung von Krankheiten müssen wir annehmen, dass die Art ihres Entstehens eine dreifache sei, teils durch den Atem, teils durch Schleim, teils endlich durch Galle. Wenn nämlich die Verteilerin der Luft an den Körper, die Lunge, durch das Zuströmen von Säften verstopft, jener keinen freien Durchgang gestattet, dann wird, indem der Hauch zu manchen Stellen nicht hindurchdringt, anderwärts aber in ungehöriger Menge sich eindrängt, das der Abkühlung Entbehrende von Fäulnis ergriffen; wenn er aber durch die Adern sich zwängt, sie umkehrt und den Körper auflöst, so wird er in dessen Mitte vom Zwerchfell aufgehalten und abgefangen, und es entstehen dadurch tausenderlei schmerzliche, mit starkem Schweiße verbundene Krankheiten. Indem sich ferner oft im Körper bei der Auflösung des Fleisches Luft entwickelt und keinen Ausweg zu finden vermag, verursacht diese dieselben Schmerzen wie die von außen her dazu eindringende, die empfindlichsten aber, wenn sie um die Sehnen und Äderchen dort sich anhäuft und diese anschwellt, dadurch aber die Flechsen und damit zusammenhängenden Sehnen nach einer ihrer bisherigen entgegengesetzten Richtung ausspannt, welche Leiden, die eben mit dieser Spannung verbundenen Schmerzen nämlich, die Namen des Ersteifens und Verkrümmens erhielten. Auch die Heilung derselben ist schwierig, denn am ersten behebt dergleichen Übel das Hinzutreten von Fiebern. Der weiße Schleim ist zwar, wenn abgeschnitten, wegen der Luft in den Bläschen gefährlich, wenn aber diese im Körper einen Ausweg nach außen findet, milder, wirkt jedoch auf den Körper ein, indem er weiße Flecken und dieser Erscheinung verwandte Krankheiten erzeugt; vermischt er sich aber mit schwarzer Galle, verbreitet sich über die Umläufe im Kopfe, die vor allem göttlich sind, und stört dieselben, dann ist ihre Wirkung im Schlafe gemäßigter, wenn sie aber den Wachenden befällt, schwerer zu beseitigen. Da aber diese Krankheit auf den heiligen Teil einwirkt, so wird sie mit Recht die heilige genannt. Der säuerliche und salzige Schleim ist die Quelle aller in Flüssen bestehenden Krankheiten, die nach den mannigfachen Stellen, auf die sie gerichtet sind, verschiedene Benennungen erhalten haben. Aber alles, was man Entzündungen des Körpers nennt, nach dem Erhitzt- und Entzündetwerden, entsteht durch die Galle. Nimmt die hier sich entwickelnde Luft den Weg nach außen, dann lässt sie durch ihr Aufschäumen Geschwülste aller Art entstehen; aber im Inneren verschlossen, schafft sie hier viel hitzige Krankheiten, deren ärgste ist, wenn sie, dem reinen Blute vermischt, aus ihrer Stelle die Blutfasern verdrängt, welche im Blute verteilt wurden, damit dessen Verdünnung und Verdichtung das rechte Maß halte und es weder wegen der Hitze als ein Flüssiges dem lockeren Körper entströme noch auch durch stärkeres Zusammendrängen seine Beweglichkeit verliere und nur mühsam durch die Adern rolle. Das rechte Maß in diesen bewahren, der Entstehung ihres Wesens zufolge, die Fasern; vereinigt man sie, selbst bei erstorbenem und im Erstarren begriffenen Blute, miteinander, dann fließt das übrige Blut auseinander; geschieht das aber nicht, dann machen sie das Blut bald, verbunden mit der es umgebenden Kälte, gerinnen. Da die Sehnen auf das Blut diesen Einfluss haben, so verdichtet sich die in altes Blut übergegangene und in dieses aus dem Fleische wieder aufgelöste Galle, wenn sie, anfangs warm und flüssig, allmählich in dasselbe eintritt, vermöge der Einwirkung der Fasern, und erzeugt, verdichtet und gewaltsam ihrer Wärme beraubt, inneren Frost und Zittern. Strömt sie aber, vermöge der von ihr ausgehenden Wärme die Oberhand behauptend, in reicherem Maße zu, dann verwirrt sie aufschäumend der Fasern Gefüge. Vermag sie nun fortwährend die Oberhand zu behaupten, dann löst sie, bis zum Marke hindurchdringend, von da aus durch ihre Glut die Bande der Seele, wie die Anker eines Schiffes, und setzt dieselbe in Freiheit; ist sie dagegen spärlicher und widersteht der Körper der Auflösung, dann wird sie selbst überwunden und entweder über den ganzen Körper hin ausgetrieben oder, wie eine aus einem durch Zwiespalt zerrütteten Staate Vertriebene, vom übrigen Körper ausscheidend, durch die Adern in den oberen oder unteren Teil des Unterleibs zusammengedrängt, wo sie Durchfälle, Ruhr und alle Krankheiten der Art erzeugt.

Ist die Ursache des körperlichen Erkranken vorzüglich das Übermaß des Feuers, dann bewirkt es ununterbrochene Entzündungen und Fieber; ist sie das Übermaß der Luft, zweitägige Wechselfieber, das des Wassers aber, da dieser Grundstoff schwerer ist als Feuer und Luft, dreitägige. Viertägige Wechselfieber endlich erzeugt das Übermaß der ihrer Schwerfälligkeit nach die vierte Stelle einnehmenden Erde, welches in dem vierfachen Zeitraum gereinigt wird und kaum zu beseitigen ist.

## 41. Krankheiten der Seele: Der Unverstand und seine zwei Arten

Auf solche Weise, ergibt es sich, entstehen die Krankheiten des Körpers; auf folgende aber die aus des Körpers Beschaffenheit hervorgehenden der Seele. Für eine Krankheit der Seele müssen wir Unverstand anerkennen; zwei Gattungen des Unverstands aber gibt es, Wahnsinn und Unwissenheit. Demnach ist jede Einwirkung jeder dieser beiden, welche jemand erfährt, als Krankheit zu bezeichnen; übermäßige Lust- und Schmerzgefühle aber sind als die schwersten Seelenkrankheiten anzusehen: denn ein überfroher oder auch durch Schmerz von dem entgegengesetzten Gefühle bewegter Mensch vermag, zu ungehöriger Zeit bemüht, das Eine zu erfassen, dem Andern aber zu entgehen, nichts richtig zu sehen noch zu hören, sondern tobt und ist am wenigsten der Überlegung fähig. Um wessen Mark aber sich häufiger und reichlich fließender Samen erzeugt und wer von Natur einem Baume gleicht, der über das Maß fruchtbar ist, dem verursachen seine Begierden und deren Erzeugnisse im einzelnen häufige Schmerzen und häufige Lust, und obwohl er während des größten Teils seines Lebens infolge der größten Lust- und Schmerzgefühle zu einem Rasenden wird und seine Seele durch den Körper siecht und keiner Überlegung fähig ist, gilt er gemeinhin nicht für einen Kranken, sondern für einen aus freier Wahl Schlechten; doch in Wahrheit wurde die Unmäßigkeit im Liebesgenuss meistenteils dadurch zu einer Krankheit der Seele, dass die Beschaffenheit *einer* Gattung im Körper wegen der Durchdringbarkeit der Knochen flüssig und bewässernd ist. Und fast alles, was als Unbeherrschtheit in Lüsten und als tadelnswert bezeichnet wird, als ob die Schlechten freiwillig so sind, wird nicht richtig getadelt. Denn freiwillig ist niemand schlecht, sondern der Schlechte wird es durch eine gewisse schlimme Beschaffenheit seines Körpers und ein Aufziehen ohne Unterweisung; das alles ist aber jedem zuwider und widerfährt ihm wider seinen Willen. Und so erliegt auch wiederum hinsichtlich der Schmerzgefühle die Seele ebenso durch den Körper vieler Schlechtigkeit. Denn wo die im Körper umherirrenden, von sauren und salzigen Verschleimungen herrührenden sowie ätzenden und galligen Säfte nach außen keinen Ausweg finden, sondern, im Innern sich umhertreibend, mit den Bewegungen der Seele, denen ihre Ausdünstung sich beimischt, sich vereinigen, da erzeugen sie mehr oder minder heftige, häufiger oder seltener eintretende mannigfaltige Krankheiten der Seele und erwecken, indem sie zu den drei Wohnsitzen der Seele gelangen, je nachdem wohin eine jede von ihnen kommt, alle Arten der Unzufriedenheit und des Missmuts, der Verwegenheit und Verzagtheit, dazu der Vergesslichkeit und Urgelehrigkeit. Sind außerdem, bei so schlechter Körperbeschaffenheit, die Verfassungen schlecht sowie die in den Staaten öffentlich und im einzelnen gehaltenen Vorträge, werden ferner in keiner Weise von Jugend auf die als Heilmittel dagegen erforderlichen Kenntnisse erworben: dann werden auf diese Weise alle, die wir schlecht sind, es ganz gegen unseren Willen aus zwei Ursachen. Davon ist die Schuld mehr den Erzeugern als den Erzeugten, mehr den Erziehern als den Erzogenen beizumessen; und gewiss muss man sich, so gut man kann, bemühen, durch Erziehung, Beschäftigungen und Kenntnisse der Schlechtigkeit zu entrinnen und ihres Gegenteils habhaft zu werden. Doch das ist der Gegenstand einer andern Gattung der Rede.

## 42. Mittel zur Heilung und Erhaltung des Körpers und der Seele

Es ist natürlich und angemessen, nun auch das zu diesem den Gegensatz Bildende zu besprechen, die Mittel, durch welche die Heilung und Erhaltung des Leibes und der Seele bewirkt wird; denn es ist geziemend, in seiner Rede sich mehr über das Gute als über das Schlechte zu verbreiten. Nun ist alles Gute schön, das Schöne aber darf des Ebenmaßes nicht entbehren. Daher ist auch ein Lebewesen, welches derart sein soll, als ebenmäßig zu setzen. Doch bei geringfügigen Dingen nehmen wir das Ebenmaß wahr und berücksichtigen es, lassen es aber bei den wichtigsten und größten unbeachtet. In Beziehung auf Gesundheit und Krankheit, Tugend und Schlechtigkeit ist nämlich kein Ebenmaß oder Unmaß von größerer Bedeutung als beim Verhältnis der Seele selbst zum Körper selbst. Das beachten wir aber nicht, noch bedenken wir, dass, wenn eine zu schwächliche und kleine Gestalt eine kräftige und in jeder Beziehung große Seele in sich trägt sowie wenn beide in entgegengesetzter Weise verbunden sind, das ganze Geschöpf kein schönes ist; denn es ist unebenmäßig in den wichtigsten Verhältnissen, im entgegengesetzten Falle dagegen ist es für den, welcher das zu erkennen vermag, der schönste und reizendste Gegenstand der Betrachtung. Gleichwie nun ein durch übergroße Schenkel oder irgendein anderes Überragendes zu sich selbst in Missverhältnis stehender Körper teils hässlich ist, teils sich selbst, da er bei gemeinsamen Anstrengungen der Glieder große Mühseligkeiten, häufige Renkungen und durch seine Unregelmäßigkeit manchen Fall herbeiführt, zur Ursache tausendfachen Ungemachs wird: ebenso müssen wir uns gewiss auch dieselbe Vorstellung von dem aus beiden Zusammengesetzten, was wir ein Lebendes nennen, machen, dass, wenn in diesem eine für den Körper zu gewaltige Seele von heftigen Leidenschaften bewegt wird, sie den ganzen Körper durch Erschütterungen von innen mit Krankheiten erfüllt und, wenn sie allzu angestrengt gewissen Kenntnissen und Untersuchungen nachjagt, ihn auflöst; und wenn sie ferner in Reden öffentlich oder privat Belehrung erteilt und Kämpfe besteht, dass sie dann durch die daraus hervorgehenden Streitigkeiten und Wettkämpfe ihn entzündet und erschüttert, durch Herbeiführung von Flüssen die so genannten Heilkünstler täuscht und so bewirkt, dass man dem Schuldlosen die Schuld beimesse. Wenn dagegen ein großer, die Seele überragender Körper mit einem geringen und schwachen Verstand verbunden ist, dann erzeugen - da beim Menschen von Natur eine doppelte Gattung von Begierden besteht, vermöge des Körpers nach Nahrung und vermöge des Göttlichen in uns nach Weisheit - die Bewegungen des überlegenen Teils, welche obsiegen und ihr Gebiet erweitern, das Wesen der Seele aber zu einem abgestumpften, ungelehrigen und vergesslichen machen, die größte Krankheit, die Unwissenheit, in uns.

*Ein* Rettungsmittel nun schützt vor beiden: weder die Seele ohne den Körper noch den Körper ohne die Seele in Bewegung zu setzen, damit beide, auf ihre Verteidigung bedacht, zum Gleichgewicht und einem gesunden Zustande gelangen. Wer also der Größenlehre oder sonst einer Geistesübung angestrengtes Nachdenken widmet, muss zugleich, indem er daneben auch Gymnastik treibt, der Bewegung des Körpers ihr Recht widerfahren lassen, sowie, wer dagegen um die Ausbildung seines Körpers bemüht ist, den Bewegungen der Seele was ihnen gebührt nicht entziehen, indem er außerdem mit der musischen Kunst und der gesamten Philosophie sich beschäftigt, wenn er mit Fug und Recht den Namen sowohl eines Schönen als eines Guten beanspruchen will. In derselben angeführten Weise müssen wir auch, indem wir die Gestalt des Weltganzen zum Vorbild nehmen, für die einzelnen Teile sorgen. Indem nämlich der Körper, im Innern durch das Eingehende erhitzt und erkältet, von außen aber wiederum ausgetrocknet und angefeuchtet wird sowie das aus beiden Einwirkungen weiter Hervorgehende erfährt, so unterliegt er und geht zugrunde, wenn jemand den in Ruhe verharrenden Körper diesen Bewegungen hingibt; ahmt er aber dasjenige nach, was wir die Ernährerin und Amme des Weltganzen nannten, und gestattet vornehmlich dem Körper durchaus keine Ruhe, sondern setzt ihn in Bewegung und begegnet, indem er durchgängig gewisse Erschütterungen in ihm erzeugt, den natürlichen Einwirkungen von innen und von außen und bringt durch mäßige Erregungen die am Körper ihrer Verwandtschaft nach wandernden Begegnisse und Teile untereinander in Ordnung: dann wird er nicht, nach dem, was wir im vorigen über die Weltordnung sagten, durch Verbindung des Feindlichen mit dem Feindlichen im Körper sich Kämpfe und Krankheiten erzeugen lassen, sondern das Befreundete wird, dem Befreundeten verbunden, zur Erzeugung der Gesundheit führen.

Ferner ist unter den Bewegungen die in sich selbst durch sich selbst erfolgende die beste - denn diese ist am nächsten mit der Bewegung des Denkens und des Weltganzen verwandt -, schlechter aber die durch ein anderes; am schlechtesten endlich diejenige, welche den Körper, während er daliegt und in Ruhe sich befindet, durch ein anderes und in seinen Teilen bewegt. Deshalb ist auch unter den Reinigungen und Wiederherstellungen des Körpers die durch Leibesübungen die beste; ihr zunächst kommt das Schaukeln auf Seereisen und, wo irgend sonst mit keiner Anstrengung verbundene Fahrten stattfinden; die dritte Art der Bewegung bringt zwar, wenn jemand einmal sehr dazu gezwungen ist, Nutzen, sonst aber darf der Verständige ihr nie sich unterwerfen, nämlich die ärztliche, durch Arzneimittel zu bewirkende Reinigung; denn mit großen Gefahren nicht verbundene Krankheiten darf man nicht durch Arzneimittel aufregen. Hat doch der ganze Verlauf der Krankheiten mit der Natur der lebenden Geschöpfe in gewisser Weise Ähnlichkeit, denn auch die Zusammensetzung dieser bedingt eine bestimmte Lebensdauer, so der ganzen Gattung wie jedes einzelnen, indem jedem von Natur, abgesehen von äußeren, unvermeidlichen Unfällen, ein gewisses Lebensziel zugeteilt ist; denn sogleich von vornherein vereinigen sich bei jedem die Dreiecke, mit dem Vermögen ausgestattet, der Auflösung auf eine bestimmte Zeit zu widerstehen, über welche hinaus wohl niemand sein Leben auszudehnen vermöchte. Nun findet dasselbe Verhältnis auch hinsichtlich des Verlaufs der Krankheiten statt; stört aber jemand diesen Verlauf, im Widerspruch mit der ihm zugeteilten Zeit, durch Arzneimittel, dann pflegen aus leichten schwere, aus selten eintretenden häufige Krankheiten zu entstehen: Darum muss jeder alles Derartige durch seine Lebensweise, insoweit das seine Zeit ihm gestattet, leiten, nicht aber durch Arzneien ein schwer zu behandelndes Übel aufregen.

## 43. Die Pflege der Seele

Soviel nun genüge über das Lebende in seiner Gesamtheit und dessen aus dem Körper bestehenden Teil, in welcher Weise man wohl, denselben leitend und durch sich selbst geleitet, sein Leben am meisten vernunftgemäß einrichten möge. Das zum Leitenden Bestimmte selbst aber muss, soviel wie möglich, zumeist und zuvor so in den Stand gesetzt werden, dass es auf das schönste und beste zu dieser Leitung sich eigne. Dies genau zu erörtern wäre wohl allein schon an sich selbst eine hinreichende Aufgabe. Im Vorbeigehen aber möchte jemand wohl, nach der im vorigen befolgten Weise, indem er ebenso es in Erwägung zöge, solchergestalt dieselbe nicht unangemessen in Worten lösen. Wir müssen uns, gleichwie wir wiederholt bemerkten, dass drei verschiedene Gattungen der Seele einen dreifachen Wohnsitz in uns eingenommen haben und dass jeder eigentümliche Bewegungen zukommen, ebenso auch jetzt in aller Kürze dahin äußern, dass diejenige dieser Gattungen, welche in Untätigkeit verharrt und ihre Bewegung ruhen lässt, notwendig die schwächste, die in Übung begriffene aber die kräftigste werden müsse, weshalb man darauf zu achten habe, dass Ebenmaß im Verhältnis ihrer Bewegungen zueinander stattfinde. Über die vorzüglichste Gattung unserer Seele müssen wir uns aber folgende Vorstellung machen, dass Gott sie jedem als einen Schutzgeist verliehen hat - eben der Teil, von welchem wir behaupten, dass er in unserem Körper die oberste Stelle einnehme und uns von der Erde zu dem im Himmel uns Verwandten erhebe, sofern wir ein Gewächs sind, das nicht in der Erde, sondern im Himmel wurzelt. Und das behaupten wir mit vollem Recht, denn indem dort, wo die Seele zuerst ihren Ursprung nahm, das Göttliche unser Haupt und unsere Wurzel befestigt, richtet sie den ganzen Körper nach oben. Wer nun also in seinen Begierden und ehrgeizigen Bestrebungen lebt und webt, auf sie seine Bemühungen richtet, in dem müssen, sich notwendig nur sterbliche Meinungen erzeugen, und er muss durchaus, soweit es überhaupt möglich ist, sterblich zu werden, darin es an nichts fehlen lassen, weil er Derartiges in sich wuchern lässt. Wer dagegen, auf Erweiterung seiner Kenntnisse und Erlangung wahrer Einsichten ernstlich bedacht, diesen Teil seiner selbst vorzüglich übt, von dem ist es, wenn er die Wahrheit berührt, durchaus notwendig, dass er Göttliches und Unsterbliches denkt, und soweit die menschliche Natur es gestattet, der Unsterblichkeit teilhaftig zu werden, dass er davon keinen Teil versäumt; und da er ständig das Göttliche in sich pflegt und den ihm innewohnenden Schutzgeist im besten Zustand erhält, so muss er notwendig vor allen andern glückselig sein. Aber für jegliches gibt es gewiss nur eine und dieselbe Pflege, ihm die demselben angemessene Nahrung und Bewegung zuzuerteilen. Nun sind die dem Göttlichen in uns verwandten Bewegungen die Gedanken und Umschwünge des Weltganzen; diese muss demnach jeder zum Vorbilde nehmen, indem er die bei unserm Eintritt in das Leben irregeleiteten Umläufe in unserem Kopfe dadurch auf die richtigen zurückführt, dass er den Einklang und die Umläufe des Weltganzen erkennen lernt, und muss so dem Erkannten das Erkennende seiner ursprünglichen Natur gemäß ähnlich machen, durch diese Verähnlichung aber das Ziel jenes Lebens besitzen, welches den Menschen von den Göttern als bestes für die gegenwärtige und die künftige Zeit ausgesetzt wurde.

## 44. Entstehung der Frauen und Bildung der Geschlechtsorgane. Die übrigen Lebewesen. Schlusswort

Und für jetzt scheint nun die zu Anfang uns gestellte Aufgabe: über das Weltganze bis zur Entstehung des Menschen zu sprechen, so ziemlich gelöst. Denn wie die übrigen Tiere entstanden, das haben wir, da eine weitläufige Auseinandersetzung unnötig ist, nur ganz kurz anzugeben. So möchte jemand wohl in seiner Rede über diesen Gegenstand das rechte Maß nicht zu überschreiten meinen.

Folgendes sei von uns also als unsere Ansicht über Derartiges aufgestellt. Unter den als Männer Geborenen gingen die Feiglinge, und die während ihres Lebens Unrecht übten, der Wahrscheinlichkeit nach, bei ihrer zweiten Geburt in Frauen über. Und deshalb entwickelten die Götter um jene Zeit den Trieb zur Begattung, indem sie so in uns wie in den Frauen ein beseeltes Lebewesen gestalteten, welches sie in beiden in folgender Weise entstehen ließen. Sie öffneten den Durchgang der Getränke, welcher den Trank durch die Lunge, unter den Nieren hin, nach der Blase leitet, die ihn in sich aufnimmt und vermöge des Druckes der eingeatmeten Luft mit dieser wieder entsendet, und verbanden diesen Durchgang mit dem aus dem Kopfe nach dem Nacken herabsteigenden und im Rückgrate zusammengedrängten Marke, welches wir im vorigen den Samen nannten; jenes Mark aber erweckte, weil es beseelt war und als einen Auslass das fand, wo es herauskam, in ihm die leberschaffende Begierde des Ausströmens und brachte so den Zeugungstrieb zur Vollendung. Darum versucht die, gleich einem der Vernunft nicht gehorchenden Tiere, zu einem Unlenksamen und selbstherrisch Gebietenden gewordene Natur der männlichen Geschlechtsteile, ihren wütenden Begierden alles zu unterwerfen. Aus eben demselben Grunde aber empfindet es das, was man bei den Frauen Gebärmutter und Mutterscheide nennt, welches als ein auf Kinderzeugung begieriges Lebendiges in ihnen ist, dies empfindet es mit schmerzlichem Unwillen, wenn es länger, über die rechte Zeit hinaus, unfruchtbar bleibt, und schafft, indem es dann allerwärts im Körper umherschweift und durch Versperren der Durchgänge das Atemholen nicht gestattet, große Beängstigung, so wie es noch andere Krankheiten aller Art herbeiführt; bis etwa der Trieb und die Begierde beider Geschlechter, welche gleichsam die Frucht des Baumes brechen, sie zusammenführten, vermöge ihrer Kleinheit unsichtbare und noch unausgebildete Tierchen in die Gebärmutter wie in eine Saatfurche ausstreuten, sie dann wieder sich gliedern und im Innern heranwachsen ließen und so, dem Lichte sie zuführend, die Zeugung der Lebewesen vollendeten.

So entstanden also die Frauen und die weibliche Gattung überhaupt. Zum Geschlechte der Vögel aber, welchen statt der Haare Federn wachsen, gestalteten sich Männer um von zwar harmlosem, aber leichtem Sinne, welche wohl mit den Erscheinungen am Himmel sich beschäftigen, aber aus Geistesbeschränktheit meinen, die auf den Augenschein sich gründenden Schlüsse über dieselben seien die zuverlässigsten. Ferner entstanden die auf dem Lande lebenden Tiere aus solchen, die um die Weisheit sich nicht kümmerten noch, weil sie nicht mehr die Umläufe im Haupt anwendeten, auf den Himmel ihr Augenmerk richteten, sondern der Leitung der in der Brust einheimischen Teile der Seele sich überließen. Einer solchen Lebensrichtung zufolge streckten sie, vermöge ihrer Verwandtschaft mit derselben, nach der Erde die dahin gezogenen Vorderglieder und Köpfe, und ihre Häupter wurden länglich und von federartiger Gestalt, je nachdem die Umkreisungen in jedem durch Untätigkeit zusammengedrückt waren. Dieser Umstand gestaltete diese Gattung zu einer vier- und vielfüßigen, indem der Gott den minder Verständigen ein vielfacheres Untergestell unterschob, damit sie mehr zur Erde herabgezogen würden. Da aber die unverständigsten unter ihnen, deren ganzer Körper der Erde zugewendet ist, der Füße nicht mehr bedürfen, erzeugten die Götter dieselben fußlos und auf dem Boden sich dahinwindend. Die vierte Gattung endlich, die der Wassertiere, entstand aus den allerunverständigsten und unwissendsten, welche die sie Umgestaltenden nicht einmal mehr eines reinen Atemzuges wert achteten, weil ihre Seelen durch alle Vergehungen befleckt waren, sondern, anstatt des Einziehens der reinen und feinen Luft, zu dem Einatmen des schlammigen und schweren Wassers herabstießen. Daher entstand der Schwarm der Fische sowie der Schaltiere und alles, was sonst im Wasser lebt, denen zur Buße der tiefsten Unwissenheit der am tiefsten gelegene Aufenthalt anheim fiel. Dieses alles führte nun damals und führt noch jetzt, vermöge des Erlangens und Einbüßen des Unverstandes und Verstandes, den wechselseitigen Übergang der Tierarten ineinander herbei.

Und nun, behaupten wir, ist unsere Rede über das All bereits zum Ziel gediehen. Denn indem dieses Weltganze sterbliche und unsterbliche Bewohner erhielt und derart davon erfüllt ward, wurde zu einem sichtbaren, das Sichtbare umfassenden Lebenden, zum Abbild des Denkbaren als ein sinnlich wahrnehmbarer Gott, zum größten und besten, zum schönsten und vollkommensten dieser einzige Himmel, der ein eingeborener ist.